수학의 발견
수학의 발명

수학의 발견
수학의 발명

앤 루니 지음 | 최소영 옮김

베누스

"수학? 그까짓 거 몰라도 세상 사는 데 아무 문제 없더라."

사회에서 흔히 들을 수 있는 얘기다. 틀린 말은 아니다. 간단한 계산만 할 수 있으면 큰 지장 없이 일상생활을 영위할 수 있다. 아니, 그마저도 계산기를 돌리면 그만이다. 하지만 이렇게 말하는 사람들도 절대로 반박하지 못할 사실이 있다.

"하지만 수학을 모르면서 인류가 이만한 발전을 이룰 수 있었을까? 수학 없이도 인류가 계속 앞으로 나아갈 수 있을까?"

간단히 말하면, 인류가 일구어낸 현대 문명에서 수학이 적용되지 않은 부분은 없다. 심지어 인류가 손을 대지 않은 대자연과 우주에도 수학이 녹아 있다. 이처럼 이 세상과 수학이 떼려야 뗄 수 없는 밀접한 관계에 있는 것은 재론의 여지 없이 자명하다. 그러한 수학을 아예 포기하는 것은 세상을 이해할 수 있는 다양한 수단 중 하나, 어쩌면 매우 중요한 수단 중 하나를 내버리는 것이나 마찬가지일 것이다.

그럼에도 수학을 증오한다거나 수식만 보면 속이 울렁거린다는 사람들을 심심치 않게 볼 수 있다. 대부분 성적 우선주의의 환경에서 억지로 수학 공부에 매달렸거나 강제로 수학 공부에 내몰렸기 때문이다. 나는 그런 사람들에게 이 책을 추천하고 싶다. 수학의 벽을 정면 돌파하듯 뚫을 수 있는 의지가 생기거나, 적어도 수학에 대해 다시금 생각해 보는 계기가 마련될 수 있다고 믿기 때문이다.

칠판 앞에 앉아 오로라가 생기는 원리를 배우는 것과 아이슬란드에서 오로라의 장관을 감상하며 그 원리를 익히는 것은 학습 효과 측면에서 차원이 다를 것이다. 이 책은 전자의 지루함을 지양하고 후자의 흥미로움을 극대화하는 방식으로 구성되었다. 우리가 세상을 살아가며 마주하는 수학적 현상들을 먼저 소개하며 재미와 관심을 불러일으킨 뒤, 그 속에 숨어 있는 수학적 원리를 재치 있게 풀어낸다. 온갖 시험에 짓눌려 실감하지 못했던 수학의 참된 재미를 깨닫는 순간, 학창 시절 내내 수학과 쌓아 온 오해가 자연스레 풀릴 것이다.

이 책의 26개 챕터에서는 각각의 주제를 수학적으로 쉽고 간명하게 해석한다. 읽는 데 전혀 부담스럽지 않다. 버스 안에서 한 챕터, 카페에서 친구를 기다리며 한 챕터, 아침에 화장실에서 한 챕터, 잠자리에 들면서 한 챕터…, 이렇게 시간 날 때마다 편하게 읽어 나가다 보면 어느새 일상 속에서 수학을 발견하고, 때로는 발명해 내는 스스로를 발견하게 될 것이다. 그리고 미소를 띠며 읊조리게 될 것이다.

"수학? 아는 만큼 보이네!"

2024년 겨울
안계영

차례

감수자의 글 5

서문 우리에게 수학은 무엇인가 11

01 수학은 발견되었나, 발명되었나 21

02 우리는 왜 숫자를 사용할까 31

03 수는 얼마나 커질 수 있을까 41

04 10은 얼마나 큰 수일까 48

05 왜 간단한 질문에 답하기가 어려울까 63

06 바빌로니아인은 우리에게 무엇을 남겼을까 75

07 쓸모없이 큰 수는 무엇일까 83

08 무한대는 무슨 쓸모가 있을까 93

09 통계는 순 엉터리에 사기일까 101

10 정말 유의미한 통계인가 109

11 행성의 크기는 얼마나 될까 115

12 가장 빠른 경로는 직선일까 123

13 벽지의 기본 패턴은 얼마나 다양할까 ································· 135

14 무엇이 정상이고, 무엇이 평균인가 ································· 147

15 우주의 최소 단위인 끈의 길이는 얼마나 될까 ················· 157

16 당신이 사용한 단위는 얼마나 적절한가 ························· 169

17 팬데믹, 우리는 이대로 죽는 걸까 ································· 179

18 외계 생명체는 과연 존재할까 ····································· 189

19 소수는 왜 특별할까 ··· 199

20 확률 게임에서 살아남는 법은 무엇일까 ························· 209

21 두 사람이 같은 생일일 확률은 얼마일까 ······················· 219

22 정말 감수할 만한 위험일까 ·· 225

23 자연은 수학을 얼마나 알고 있을까 ······························ 237

24 완벽한 모양이 세상에 존재할까 ·································· 245

25 수를 통제할 수 있을까 ·· 255

26 포도주 통의 부피는 어떻게 잴까 ································· 263

우리에게 수학은 무엇인가

우리는 수학에 둘러싸여 살아간다. 수학이라는 언어로 숫자와 패턴, 각종 프로세스와 우주를 지배하는 법칙을 다룬다. 우리가 주변 환경을 이해하고 특정 현상을 공식화하거나 예측할 수 있는 것도 수학 덕분이다.

초기 인류 사회는 태양과 달, 행성의 움직임을 추적하고, 건물을 짓고, 가축의 수를 세고, 교역을 증진하려는 목적에서 수학을 연구하기 시작했다. 고대 중국과 메소포타미아, 이집트, 그리스, 인도에서 사람들이 숫자가 만들어 내는 패턴의 아름다움과 경이로움을 발견하면서 수학적 사고가 꽃을 피웠다.

수학은 만국 공통의 도구이자 언어다. 오늘날에는 인간 삶의 많은 분야가 수학에 의존하고 있다. 무역과 상업은 회계와 통계 같은 숫자를 기반으로 한다. 인간 사회에 필수 불가결한 컴퓨터도 수학적 언어로 작동한다. 우리가 일상생활에서 접하는 정보에도 대부분 숫자가 포함되어 있다. 숫자와 수학에 대한 기본적인 이해 없이는 시간 관리나 일상적인 작업이 어려울 수 있다. 이게 전부가 아니다. 수학적 정보를 이해하지 못하면 불리한 상황에 처할 우려가 있고, 좋은 기회를 놓치는 안타까운 결과를 불러올 수도 있다.

수학은 바람직한 목적에 사용될 수도, 혹은 범죄에 악용될 수도 있다. 숫자는 상세하고 명확한 설명을 위해 제시될 수도 있지만 남을 속이거나 혼란을 불러일으키는 수단으로 이용될 수도 있다. 우리가 숫자와 정보를 제대로 해석할 수 있는 안목을 길러야 하는 이유다.

컴퓨터는 과거에는 불가능했던 계산을 가능하게 하여 수학을 한결 쉬운 학문으로 만들어 주었다. 이 책에서 그러한 여러 사례를 만나 보게 될

수학의 발견 수학의 발명

것이다. 일례로 원주율[원의 둘레와 지름 사이의 비율, 기호는 파이(π)]은 현재 수십조 자리까지 컴퓨터로 계산이 가능하다. 소수(素數, 1과 그 수 자신 이외의 자연수로는 나눌 수 없는 자연수) 역시 컴퓨터 덕분에 매우 많은 소수가 계속해서 발견되고 있다. 그러나 컴퓨터를 사용하는 과정에서 수학의 논리적 엄격성이 약화될 경향도 있다.

오늘날에는 방대한 양의 데이터 처리가 가능하며, 과거 그 어느 때보다도 신뢰할 만한 정보를 실증적 데이터(직접적으로 관찰할 수 있는 데이터)에서 추출할 수 있다. 이것은 우리가 계산에만 의존하지 않고 관찰한 내용을 바탕으로 더 안전하게 무언가에 대한 결론을 내릴 수 있다는 것을 뜻한다. 예를 들어 우리는 날씨와 관련된 방대한 양의 데이터를 검토한 뒤 과거에 있었던 일을 토대로 미래를 예측한다. 날씨 체계를 이해해야만 예측이 가능한 것은 아니다. 예측은 그저 과거에 관찰된 바를 통해 — 이면에 어떠한 힘들이 작용하든 상관없이 — 미래에도 동일한 현상이 일정한 확률로 일어나리라는 가정에 따라 이루어진다. 그러한 예측은 꽤 높은 정확

순수수학과 응용수학

———

이 책에서 설명하는 대부분의 수학은 '응용수학'의 범주에 든다. 응용수학이란 실생활의 문제를 해결하는 데 사용되는 수학으로, 대출에 이자가 얼마나 붙는가 또는 시간이나 물체의 길이를 어떻게 측정하는가 등의 실제 상황에 적용된다. 이와 반대로 많은 수학자가 몰두하고 있는 '순수수학'은 실용적인 적용성 여부와는 상관없이 이론적으로 가능한 것이 무엇인지 탐구하고 수학 그 자체를 이해하기 위해서 추구된다.

수학은 단순한 계산 도구를 넘어 인류가 세상의 질서를 탐구하고 자연의 법칙을 이해하는 데 큰 역
할을 해 왔다.

수학의 발견 수학의 발명

도를 보인다. 그러나 그것을 진정한 의미의 과학이나 수학이라고 말할 수는 없다.

생각이 먼저인가, 관찰이 먼저인가

데이터와 지식에 접근하는 방식에는 크게 두 가지가 있으며, 수학적 아이디어를 떠올리는 방식도 마찬가지다. 그중 하나는 사고와 논리로부터 시작되며 다른 하나는 관찰로부터 시작된다.

- **생각 먼저(연역적 접근)**

  연역이란 어떤 명제로부터 논리적인 추론을 통해 결론을 끌어내는 과정이다. 예를 들어, '모든 아이에게는 부모가 있다(또는 한때 있었다)'라는 명제와 '소피는 아이다'라는 사실에서 출발하면 '소피에게는 반드시 부모가 있다(또는 한때 있었다)'라는 결론을 도출할 수 있다. 앞선 두 가지 진술이 참이고 논리가 타당하다면 결론도 참이 된다.

- **관찰 먼저(귀납적 접근)**

  귀납이란 특수한 사례로부터 보편적인 정보를 추론하는 과정이다. 우리가 무수히 많은 백조를 보았고 그 백조들이 모두 흰색이었다면 이 사실로부터 우리는 (한때 그렇게 알려졌던 것처럼) '모든 백조는 반드시 하얗다'라고 추론할 수 있다. 그러나 이 결론은 확고부동한 것이 아니다. 이는 단지 우리가 흰색이 아닌 백조를 본 적이 없음을 뜻할 뿐이다(10장 참조).

귀납적 방법을 쓰든 연역적 방법을 쓰든 수학자들이 늘 옳은 결론만을 도출하는 것은 아니다. 그러나 대체로 연역법이 더 신뢰할 만하며, 그리스 수학자 유클리드(Euclid)가 처음 창안한 이래로 순수수학에서는 연역법이 더 높은 평가를 받아 왔다.

천동설

먼 옛날 사람들은 지구가 태양 주위를 도는 것이 아니라 태양이 지구 주위를 돈다고 생각했다. 만약에 태양이 지구 주위를 돈다면 태양의 움직임

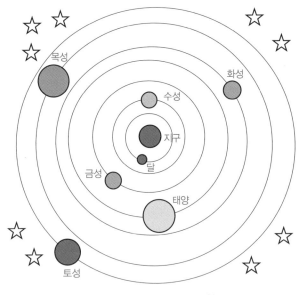

프톨레마이오스의 우주 모형

은 어떻게 보일까? 정답은 '똑같다'이다.

고대 그리스의 천문학자이자 수학자인 클라우디오스 프톨레마이오스 (Claudios Ptolemaeos)는 자신이 구축한 우주 모형(천동설)으로 태양과 달, 행성들의 움직임을 설명했다. 그는 귀납적 방법을 사용하여 자신이 관찰한 사실을 실증적 증거로 삼아 거기에 맞는 모형을 구축했다.

행성들의 움직임을 더 정확하게 측정할 수 있게 되면서 중세와 르네상스 시대의 천문학자들은 프톨레마이오스의 지구를 중심으로 한 우주 모형에 수학적 계산이 들어맞도록 좀 더 복잡한 수식을 고안해 냈다. 그런데 새로운 궤도를 설명할 때마다 수식이 추가되면서 전체 체계는 복잡하게 얽히고 말았다.

프톨레마이오스의 천동설이 폐기된 것은 1543년 폴란드의 천문학자이자 수학자인 니콜라우스 코페르니쿠스(Nicolaus Copernicus)가 태양을 중심에 둔 우주 체계로 수학적 계산을 시작하고부터다. 그러나 그의 계산도 정확하지는 않았다.

해왕성의 발견

1843년 영국의 수학자 존 카우치 애덤스(John Couch Adams)가, 1845∼6년에는 프랑스의 수학자 위르뱅 르베리에(Urbain Le Verrier)가 해왕성의 존재와 위치를 예측했다. 두 수학자 모두 해왕성과 인접한 천왕성의 궤도에서 섭동(어떤 천체의 평형 상태가 다른 천체의 인력에 의해 교란되는 현상)을 확인한 뒤 수학적 계산으로 위치를 추정한 것이다. 1846년, 해왕성은 실제로 이들이 예측한 위치에서 관측되었다.

이후 영국의 과학자 아이작 뉴턴(Isaac Newton)이 코페르니쿠스의 아이디어를 보완해 많은 조작을 가하지 않아도 작동하는 행성들의 움직임을 수학적 논리에 맞게 설명하는 데 성공했다. 뉴턴의 행성 운동 법칙은 그의 생전에는 발견되지 않았던 행성들이 관측되면서 입증되었다. 행성이 관측되기 전부터 그 존재를 정확하게 예측한 것이다. 하지만 이 모형 역시 완벽하지는 않다. 외행성들의 움직임은 여전히 현재의 수학적 모형으로는 제대로 설명되지 않기 때문이다. 우주에서도 수학에서도 아직 해결해야 할 것이 남아 있다.

제논의 역설

우리가 실제로 경험하는 세상과 수학 및 논리에 의해 모형화되는 세상 간의 불일치는 새삼스러운 일이 아니다.

그리스의 수학자이자 철학자 엘레아의 제논(Zeno of Elea)은 논리를 이용해 운동의 불가능성을 설명했다. '화살의 역설'에서 그는 날아가는 화살도 찰나의 순간만을 본다면 고정된 한 지점에 있게 된다고 주장했다. 만약 화살이 활시위를 떠나서 과녁에 닿을 때까지 사진을 찍는다면 아마 수백만 장을 찍을 수 있을 것이다. 그중 아주 짧게 나눈 찰나의 순간에는 화살이 멈춰 있다. 그렇다면 화살은 대체 언제 움직이는 걸까?

또 다른 예로 '아킬레우스와 거북의 역설'이 있다. 그리스 신화 속 발 빠른 영웅 아킬레우스(Achilleus)와 거북의 경주에서 거북이 아킬레우스보다 앞선 위치에서 출발하면 아킬레우스가 거북을 결코 따라잡을 수 없다는 주장이다. 아킬레우스가 거북의 출발 지점에 도달했을 시점에는 거북도 앞으로 더 나아갔을 것이다. 따라서 아킬레우스가 다가오는 만큼 거북이 아무리 짧은 거리라도 계속해서 앞으로 나아간다면 아킬레우스는 결코 거북을 앞지를 수 없게 된다.

이 역설은 연속된 시간과 거리를 무수히 많은 순간과 지점으로 분할하는 데서 발생한다. 일견 그럴듯하게 보이지만 우리가 경험하는 현실에는 들어맞지 않는다.

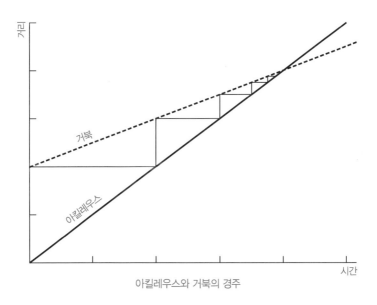

아킬레우스와 거북의 경주

01

수학은 발견되었나, 발명되었나

수학은 원래부터 존재하다가 발견된 걸까, 아니면 우리의 온전한 창작품일까? 수학이 발견된 것이냐, 발명된 것이냐 하는 논쟁은 그리스의 철학자 피타고라스(Pythagoras)가 살았던 기원전 6세기부터 줄곧 이어져 왔다.

수학은 발견되었나

첫 번째 주장은 수학의 모든 법칙, 즉 우리가 현상을 기술하고 예측하는 데 사용하는 방정식들이 인간의 지성과는 상관없이 존재한다는 것이다. 삼각형은 독립적인 개체이며 그 내각의 합이 180도라는 사실이 그 단적인 사례. 이 관점에서는 인간이 관여하지 않았더라도 수학은 스스로 존재할 것이며, 우리가 사라진 뒤에도 계속해서 존재할 것이다. 이탈리아의 수학자이자 천문학자인 갈릴레오 갈릴레이(Galileo Galilei)도 이처럼 수학을 '진리'로 보는 견해를 가졌다.

> '수학은 신이 우주에 써 놓은 언어다.'
> 갈릴레오 갈릴레이

고대 그리스의 철학자이자 수학자인 플라톤(Plato)은 기원전 4세기, 우리가 감각을 통해 경험하는 모든 것이 이론적 이상의 불완전한 복사본에 불과하다고 주장했다. 즉, 모든 개와 모든 나무, 모든 자선 행위가 이상적이고 본질적인 개와 나무, 자선 행위의 다소 어설프거나 제한된 버전이라는 뜻이다. 인간으로서 우리는 이러한 이상, 즉 플라톤이 '형상(form)'이라고 부른 것을 볼 수는 없고 오로지 일상 '현실(reality)'에서 마주치는 예들만 볼 뿐이다. 우리 주변의 세상은 계속해서 변화하며 어딘가 결함이 있

플라톤은 수학이 이
상적 '형상'의 영역에
존재한다고 보았다.

지만, 형상의 영역은 변함이 없고 완전하다. 플라톤에 따르면 수학은 형
상의 영역에 존재한다.

형상의 세계는 직접 볼 수는 없지만 이성을 통해서는 접근할 수 있다.
플라톤은 우리가 경험하는 현실을 모닥불에 비쳐 동굴 벽에 드리워진 그
림자에 비유했다.

우리가 동굴 속에서 벽을 바라보고 있다면(플라톤의 시나리오에 따르면 사
슬에 묶여 뒤를 돌아볼 수 없는 상태로) 우리가 볼 수 있는 것은 벽에 비친 그림
자뿐이고, 따라서 그것을 현실로 인식하게 된다. 그러나 실제로는 불 가
까이에 있는 사물이 현실이며, 그림자는 현실의 조악한 대체물일 뿐이다.
플라톤은 수학을 영원한 진리로 여겼다. 이러한 관점에서는 수학적 규칙
이 원래부터 존재했으며 이성을 통해 발견될 수 있는 것으로 본다. 즉, 수

학적 규칙들이 우주를 관장하고 있으며, 우주에 대한 우리의 이해는 수학적 규칙들을 얼마나 발견하느냐에 달려 있다는 것이다.

수학이 우리의 창작물이라면

또 다른 주장은 수학이 우리 주변에 보이는 세상을 이해하고 설명하려는 우리의 의지 표명이라는 것이다.

이 관점에서 보면 '삼각형의 세 각의 합은 180도다'라는 명제도 '검은색 신발이 연보라색 신발보다 더 격식을 차린 복장이다'라는 관습처럼 단지 하나의 관습에 지나지 않는다. 삼각형이 무엇인지 정의한 주체가 바로 우리 자신이고, 각도를 정의한 것도 우리 자신이며, '180'이라는 수마저도 우리가 창안한 것이기 때문이다.

수학이 만들어진 것이라면 최소한 그것이 틀릴 확률은 낮다. 나무를 '나무'라고 부르는 것을 틀렸다고 할 수 없는 것처럼, 우리가 만들어 낸 수학을 틀렸다고 할 수는 없다. 물론 엉터리로 만들어진 수학은 논외로 해야겠지만 말이다.

외계인의 수학

우주 전체에서 지적인 존재는 오로지 우리 인간뿐일까? 잠시만이라도 그렇지 않다고 가정해 보자(18장 참조).

수학이 발견된 것이라면 수학에 소질이 있는 외계인도 우리가 사용하는 것과 똑같은 수학을 발견하게 될 것이며, 이를 통해 그들과 소통할 수 도 있을 것이다. 가령 다른 수 체계를 사용하여(4장 참조) 표현 방식은 다를 수 있어도 그들의 수학 체계 역시 우리와 똑같은 규칙들을 설명할 것이다.

'신이 정수(整數)를 만들었고, 나머지는 인간의 작품이다.'

레오폴트 크로네커(Leopold Kronecker)

반면 우리가 수학을 만들어 낸 것이라면 외계의 지적 생명체가 우리와 똑같은 수학을 만들어 낼 수는 없을 것이다. 만일 그들이 우리와 똑같은 수학을 사용하고 있다면 그들이 중국어나 아카드어(고대 메소포타미아 지역의 언어) 또는 범고래의 말을 하는 것으로 밝혀지는 것만큼이나 놀라운 일이 될 것이다.

수학이 단지 우리가 관찰하는 현실 세계에 대한 설명과 이해를 돕기 위해 사용하는 일종의 부호와 같다면 언어와 크게 다를 바가 없다. '나무'라는 말을 나무라는 사물에 대한 확고부동한 기표(signifier)로 규정하는 것은 어디에도 없다. 외계인은 나무를 보고 '나무'라는 말 대신 다른 말을 쓸 것이다. 어떤 행성의 타원형 궤도에 대한 수학 또는 로켓학과 관련된 수학에 '진리'가 존재하지 않는다면 외계의 지적 존재는 전혀 다른 용어들로 그러한 현상들을 관찰하고 설명할 것이다.

수학이 우리 주변 세상을 딱 맞아떨어지게 설명한다는 사실은 참으로 놀라운 일이다. 어쩌면 그럴 수밖에 없을지도 모른다. 우리가 수학을 발명한 것이라면 당연히 주변의 세상을 잘 설명할 수 있는 방식으로 만들었을 것이다. 반면에 우리가 수학을 발견한 것이라 면 인간 세계를 초월하여 본래부터 그것이 '참'이 기 때문에 당연히 우리 주변의 세상에 잘 들어맞 을 것이다. 수학이 '현실의 현상들을 놀라울 정도 로 잘 설명하는 이유'는 그것이 진리이기 때문이 거나, 현실 세계에 적합하도록 만들어졌기 때문일 것이다.

> '수학이 경험과 상관없는 인간 사 고의 소산이라면 어떻게 그토록 실제 현상들에 놀라우리만치 잘 들어맞을 수 있을까?'
>
> 알베르트 아인슈타인(Albert Einstein)

수학이 현실 세계를 잘 설명해 주는 것으로 보이는 또 다른 이유는 우리 가 수학적 설명이 잘 맞아떨어지는 부분들만 보기 때문일 수도 있다. 우 연의 일치로 발생한 사건을 초자연적인 현상이 일어나고 있다는 증거라 고 예단하는 것처럼 말이다. 만약 당신이 휴가 때 인도네시아의 어느 외 딴 마을로 여행을 갔는데 그곳에서 친구와 우연히 마주친다면 정말 놀 랄 것이다. 하지만 그것은 우리가 어딘가에 갔을 때 아는 사람과 마주치 지 않았던 그 숱한 경우의 수에 대해서는 잘 생각하지 않기 때문이다. 우 리는 특이한 일에 대해서만 이야기하고, 평범한 사건은 그냥 지나쳐 버린 다. 마찬가지로 수학이 꿈의 구조를 설명하지 못한다고 해서 수학을 비판 하려는 사람은 없다.

따라서 수학이 현실 세계에 얼마나 잘 들어맞는지를 제대로 판단하려 면 수학이 현실과 잘 맞지 않는 부분이 얼마나 되는지도 고려하는 것이 타 당하다.

수학의 발견 수학의 발명

현실을 예견하는 수학의 힘

수학이 만들어진 것이라면 현실 세계에 대한 적용성 여부와 관계없이 개발되었던 수학 공식들이 그 공식이 만들어진 지 수십, 수백 년이 지난 뒤에 실제로 일어나는 현상들을 설명할 수 있다는 사실을 어떻게 이해해야 할까?

1960년 헝가리계 미국인 물리학자이자 수학자인 유진 위그너(Eugene Wigner)는 특정한 목적으로 또는 아무런 목적 없이 개발된 수학이 훗날 자연계의 특성을 아주 정확하게 설명하는 사례가 많음을 지적했다. 그중 하나가 매듭이론(knot theory)이다. 수학에서의 매듭이론은 양쪽 끝이 이어져 있는 복잡한 매듭의 모양을 분류하고 연구하는 분야다. 이 이론은 1770년대에 개발되었는데 오늘날에는 DNA(유전자의 본체)의 가닥들이 어떻게 얽힌 매듭을 풀고 스스로를 복제하는지 설명하는 데 사용되고 있다.

물론 우리가 찾고자 하는 것만 본다는 반론도 존재한다. 즉, 우리가 설명할 대상을 선정할 때 우리에게 있는 도구들로 설명이 가능한 것들만 고른다는 것이다. 어쩌면 우리가 진화를 통해서 수학적으로 사고하도록 변화되었고, 따라서 그렇게 할 수밖에 없는지도 모르겠다.

> '우리가 현재 무시하고 있는 현상들에 관심을 집중하고 관심을 두고 있는 현상들을 무시하는 이론을 만든다면, 현재의 이론과는 공통점이 거의 없겠지만 현재의 이론만큼이나 많은 현상들을 설명할 수 있는 또 다른 이론을 세울 수 있을지 어떻게 알겠는가?'
>
> 라인하르트 F. 베르너(Reinhard F. Werner)

매듭이론은 DNA 가닥이 세포 내에서 꼬이거나 매듭이 생길 때 이를 분석하는 데 유용하다.

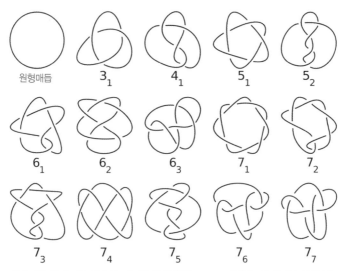

원형매듭 3_1 4_1 5_1 5_2

6_1 6_2 6_3 7_1 7_2

7_3 7_4 7_5 7_6 7_7

원형매듭 외에 가장 단순한 매듭은 세잎매듭(trefoil knot)이다. 이 매듭은 줄이 세 차례 교차한다(위의 그림 중 3_1). 이보다 교차점이 더 적은 매듭은 없으며, 교차점이 많아질수록 해당 매듭의 가짓수는 급격히 증가한다.

발견? 발명? 혹은 또 다른 가능성

단순히 가계부를 쓰거나 식당에서 계산서를 확인할 때는 수학이 발견되었든 발명되었든 문제될 게 없다. 우리는 일관된 수학 체계 안에서 살아가며 이 방식은 잘 작동한다. 그 결과 우리는 안심하고 계산할 수 있다.

순수수학자들에게는 이 문제가 실리적이기보다는 철학적이다. 그들은 우주의 구조에 관한 인류 최대의 미스터리를 다루고 있는 것일까, 아니면

'수학적 언어가 물리 법칙의 공식을 세우는 데 적합하다는 기적 같은 일은 우리의 이해와 자격을 뛰어넘는 놀라운 은총이다.'

유진 위그너

모종의 언어로 우주를 묘사하는 한없이 우아하고 감동적인 시를 쓰고 있는 것일까?

수학이 발명된 것인지 발견된 것인지는 인간이 지식과 기술적 성취의 한계에 도전하는 분야에서 특히 중요하다. 수학이 발명된 것이라면 현 체계 내에서 한계에 부딪혀 풀 수 없는 문제들이 생길 수 있다. 예를 들어 시간여행을 하거나, 우주 반대편으로 날아가거나, 인공의식(artificial consciousness)을 창조해 내는 일이 불가능해질 수 있다. 우리의 수학이 그런 일들을 감당하기에는 역부족이기 때문이다. 그러한 경우에는 불가능한 일들을 쉽게 풀어낼 수 있는 다른 수학 체계를 궁리해야 할 것이다.

반대로 수학이 발견된 것이라면 우리는 언젠가 수학의 총체를 밝혀낼 수 있으며, 가능한 모든 것, 즉 우주의 물리 법칙이 허용하는 한계점까지 모조리 성취할 수 있는 잠재력을 지니게 된다. 그렇다면 수학이 발견된 편이 우리에게 더 좋을 것이다. 그러나 현재로서는 발명된 것인지 발견된 것인지 알 수가 없다.

끔찍한 가능성

우리가 크게 고려하지 않는 또 다른 가능성이 있다. 수학이 실재하지만 지금껏 우리가 수학을 잘못 이해해 왔을 가능성이다. 프톨레마이오스가 태양계의 모형을 잘못 이해했듯이 말이다. 우리가 여태껏 개발해 온 수학이 프톨레마이오스의 천동설처럼 오해를 바탕으로 한 것이라면 어떻게 될까? 쉽게 내던져 버리고 처음부터 다시 시작할 수 있을까? 지금까지 쏟아부은 노력과 자원이 너무 많아서 과연 그럴 수 있을지 의문이다.

02

우리는 왜 숫자를 사용할까

인류 사회는 발달 초기부터 숫자를 써 왔다.

숫자의 존재가 공기처럼 너무나 당연하게 여겨지다 보니 우리는 숫자의 본질에 관해 깊이 생각해 볼 기회가 없다. 아이들은 어릴 때부터 숫자와 색깔 같은 추상적 개념을 접하면서 수 세기에 익숙해진다.

검수에서 수 세기로

인류가 수와 관련하여 맨 처음 한 일은 검수(檢數)였다. 옛 사람들은 막대기나 돌, 뼈 등에 가축의 마릿수만큼 눈금을 새겨 가면서, 또는 돌멩이나 조가비 무더기를 한쪽에서 다른 쪽으로 옮겨 가면서 가축의 수를 확인했다.

검수는 수 세기와는 다르다. 검수란 한 가지 물체나 표시를 이용해 또 다른 물체나 현상을 나타내는 단순한 대응 체계다. 양 한 마리에 대응하는 조가비가 있다고 가정해 보자. 양 한 마리가 지나갈 때마다 항아리에 조가비를 하나씩 넣으면 마지막에 남아 있는 조가비를 보고 사라진 양이 있는지 확인할 수 있다. 양이 58마리 있어야 하는지 79마리 있어야 하는지는 몰라도 된다. 그저 사라졌던 양을 발견할 때마다 조가비를 항아리에 넣어 가며 조가비가 하나도 남지 않을 때까지 양을 찾으면 그만이다.

경기에서 새로 얻은 점수를 기록할 때나 조난 일수를 기록할 때, 또는 마지막 단계에서만 숫자가 필요한 여러 상황에서 우리는 여전히 검수 방식을 사용한다. 수 세기는 검수 이후에 발달한 것이다.

숫자의 시작

검수는 석기시대 여러 문화권에서 최소 4만 년간 사용되었다. 그러다가 어느 시점에 이르러 명칭을 지닌 숫자를 사용하는 편이 더 유용해졌던 것으로 보인다.

수 세기가 언제부터 시작되었는지는 확실치 않지만, 사람들이 가축을 기르기 시작하면서 그저 "양 몇 마리가 없어졌어"라고 말하는 것보다 "양 세 마리가 없어졌어"라고 말하는 편이 더 편리했을 것이다. 자녀가 셋이 있는데 각자에게 창 하나씩을 주고 싶다면, 창 세 개가 필요하다는 것을 미리 인지하고서 창으로 쓸 만한 막대기 세 개를 찾아 나서는 편이 창 하나를 만들어서 첫째에게 주고 나서 "아직도 창이 없는 아이가 있네"라며

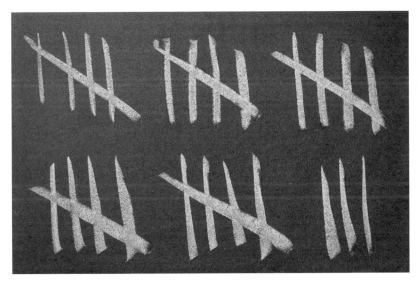

인류의 수 세기는 하나씩 세기에서 묶어서 세기로 발전했다.

또 다른 창을 만들어 주는 방식보다 효율적이다. 사람들이 교역을 시작하고부터 숫자는 필수 불가결해졌을 것이다.

최초의 숫자 기록은 중동의 이란 자그로스 지방에서 발견되었다. 기원전 1만 년경에 양의 수를 세는 데 사용된 것으로 보이는 점토 토큰이 지금도 남아 있다. 양 한 마리를 나타내는 토큰은 구슬 모양의 점토에 +모양이 새겨져 있다. 양이 몇 마리 안 될 경우에는 그런 토큰으로 충분했겠지만, 양 100마리를 나타내기 위해 100개의 토큰을 써야 한다면 무척 번거로웠을 것이다. 그래서 그들은 양 10마리와 100마리를 나타내는 다른 부호의 토큰을 개발했고, 적은 수의 토큰으로 많은 수의 양을 셀 수 있게 되었다. 심지어 999마리의 양도 27개의 토큰만으로 표시할 수 있었다(100마리 토큰 9개, 10마리 토큰 9개, 1마리 토큰 9개).

토큰은 줄에 꿰어 사용하기도 했고, 속이 빈 공 모양의 점토 안에 넣어 구워지기도 했다. 점토 공의 바깥쪽엔 그 안에 양 몇 마리를 나타내는 토큰이 들어 있는지를 알려 주는 부호를 새겼다. 분쟁이 생길 경우엔 수를 확인하기 위해 공을 깰 수도 있었다. 이런 점토 공의 바깥면에 새겼던 양의 마릿수를 나타내는 부호들이 현존하는 가장 오래된 숫자 기록이다.

초기의 수 체계는 검수에서 발전하여 10단위와 100단위에 서로 다른 부호를 쓰는 단위별 부호를 사용했다. 경우에 따라 5나 그 밖의 중간 숫자를 나타내는 부호도 존재했다.

시계 문자판에 있는 숫자로 익숙한 로마 숫자는 검수할 때 쓰던 세로줄 긋기에서 비롯되었다. 1부터 4까지의 숫자는 본래 I, II, III, IIII로 썼으며, 10에는 X, 100에는 C가 사용된다. 중간 숫자인 V(5), L(50), D(500)는 큰 수를 좀 더 간편하게 쓸 수 있게 해 주었다. 나중에는 빼기를 나타내기 위해 V 또는 X 앞에 I를 쓰는 관습이 생기면서 IV는 5−1, 즉 4가 되었다. IV는 IIII보다 더 편하게 쓸 수 있다. 마찬가지 방식으로 IX는 9가 되었다. 그러나 99는 IC가 아니라 XCIX(100−10과 10−1)로 써야 했다.

1	2	3	4	5	6	7	8	9	10
I	II	III	IIII 변경 후 IV	V	VI	VII	VIII	VIIII 변경 후 IX	X
11	19	20	40	50	88	99	100	149	150
XI	XIX	XX	XL	L	LXXXVIII	XCIX	C	CXLIX	CL

로마 숫자의 한계

10이나 100 같은 상위 단위들을 나타내기 위해 부호를 반복해서 쓰게 되면 숫자 쓰기가 번거로워지고 산술도 어려워진다. 로마 숫자처럼 특정 부호를 앞에 놓는 방식으로 1을 빼는 수 체계에서는 단순히 각 부호의 전체 개수를 합산하는 방식으로 덧셈을 해서는 안 된다. 예를 들어 XCIV＋XXIX(94+29)는 CXXIII(123)이 되지만, C, X, V, I 부호 각각을 더하면 CXVI＋XXXI(116+31)이 되며, 이것은 다른 답이 나온다. 로마인들은 어떻게 했었는지 모르겠지만, 이 체계에는 분명한 한계가 있다.

로마 숫자 체계는 전혀 유연하지 않다. 분수는 분모가 무조건 12이며,

이집트의 분수

고대 이집트에서는 상형문자(그림 부호)를 썼다. 이집트 숫자도 로마 숫자처럼 부호를 늘려 가는 방식을 사용했고 분수를 나타내는 형식도 있었다.

이집트인들은 여러 개의 세로선 위로 '입' 모양의 상형문자를 그려 분수를 표시했다. 그러나 한계가 있었다. 이런 방식으로는 단위분수(분자가 1인 분수)만 표시할 수 있었고, 한 가지 단위분수의 반복은 허용되지 않았다. 즉 $\frac{3}{4}$은 $\frac{1}{2}+\frac{1}{4}$로 나타낼 수 있지만, $\frac{7}{10}$ 같은 분수는 표시할 수 없었다. 유일한 예외는 $\frac{2}{3}$로, 이것은 서로 다른 길이의 두 세로선 위로 입 모양의 상형문자를 그려서 표시했다.

| $\frac{1}{2}$ | $\frac{1}{3}$ | $\frac{2}{3}$ | $\frac{1}{4}$ |

소수(小數) 개념도 없다. 그리고 0을 나타내는 기호도 없이 로마 숫자로 거듭제곱(38쪽 상자글 참조)이나 이차방정식 같은 복잡한 개념을 다루는 것은 거의 불가능하다. 다음과 같은 거듭제곱 방정식과 이차방정식이 있다고 하자.

$$\mathrm{IV}^{\mathrm{III}} = \mathrm{LXIV}$$
$$\mathrm{XIIx}^{\mathrm{II}} + \mathrm{IVx} - \mathrm{IX} = \mathrm{I} - \mathrm{I}$$

이러한 복잡한 계산을 로마 숫자로 처리하는 건 무척 어려웠을 것이다. 당연히 로마의 수학은 크게 발전하지 못했다.

수학의 발견 수학의 발명

자릿값

오늘날 우리가 쓰는 인도-아라비아 수 체계에는 숫자가 아홉 개뿐이며, 이 숫자만으로 무한한 수를 표현할 수 있다. 인도-아라비아 수 체계는 기원전 3세기부터 인도에서 서서히 발달하기 시작해 이후 아라비아 수학자들에 의해 개선된 뒤 유럽에서 채택되었다. 이 체계에서 숫자의 값은 '자릿값'이라 불리는 숫자의 위치에 따라 달라지며, 자릿값은 왼쪽으로 갈수록 커진다. 이 체계는 로마 숫자 체계보다 훨씬 유연하다.

예를 들어, 5,691이라는 수는 아래의 수들이 결합하여 만들어졌다.

$5,000 (5 \times 1,000)$

$600 (6 \times 100)$

$90 (9 \times 10)$

$1 (1 \times 1)$

자릿값을 활용하면 몇 개 안 되는 숫자로도 매우 큰 수를 표현할 수 있다. 이제 아라비아 숫자와 로마 숫자 표기를 비교해 보자.

$88 = \text{LXXXVIII}$

$797 = \text{DCCXCVII}$

$3,839 = \text{MMMDCCCXXXIX}$

거듭제곱

___

제곱수는 같은 수를 두 번 곱하여 얻어진 수다. 예를 들어 3의 제곱은 3을 두 번 곱한 3×3이며 3^2이라고도 쓴다.

세제곱수는 같은 수를 세 번 곱하여 얻어진 수다. 따라서 3의 세제곱은 $3 \times 3 \times 3$이며 3^3이라고도 쓴다. 위첨자(위로 올려진 작은 숫자)는 지수라고 부른다.

제곱수나 세제곱수는 이차원과 삼차원의 사물과 연관될 때 뚜렷한 적용성을 갖는다. 수학에서는 이보다 더 높은 지수들도 사용되지만, 이론물리학자가 아닌 한 현실 세계에서 이보다 더 높은 차원들에 대해 생각할 일은 거의 없을 것이다.

이렇듯 아라비아 숫자는 자릿값을 활용해 큰 수를 간결하게 표현할 수 있어서 오늘날 우리가 사용하는 수 체계로 자리잡을 수 있었다.

0의 탄생

각각의 자리에 숫자가 채워져 있으면 자릿값 체계는 문제없이 작동한다. 하지만 빈 자리가 있을 경우, 이를테면 308 같은 숫자처럼 10의 자리에 아무것도 없을 때는 그 수를 어떻게 표기했을

'자릿값이 올라갈수록 이전의 수보다 10배씩 커진다.'

인도-아라비아 셈법의 자릿값에 관한 최초의 설명, 인도 수학자 아리아바타(Aryabhata)

까? 옛 중국인들이 했던 것처럼 공간을 비워 두는 방식에서는 줄을 잘 맞춰 쓰지 않을 경우 헷갈릴 우려가 있었다. 예를 들어 '9 2'는 902가 될 수도 있고 9002가 될 수도 있는데, 이 두 수의 차이는 너무나 크다.

인도 숫자에서도 빈 공간은 빈 열(列)을 나타냈다. 그러다가 점 또는 작은 원으로 대체되었다. 이런 부호는 '비었다'라는 뜻의 산스크리트어 명칭 '순야(sunya)'로 불렸다. 아랍인들은 서기 800년경 인도 숫자 체계를 채택했는데, 그때 공백을

나타내는 표기도 함께 들여와 마찬가지로 '비었다'라는 뜻의 아랍어 '시프르(sifr)'로 불렸다. 이것이 지금 우리가 쓰고 있는 '영(0)'의 기원이다.

인도-아라비아 숫자가 맨 처음 유럽에 소개된 시기는 서기 1000년경이지만 보편적으로 채택되기까지는 수백 년이 걸렸다. '피보나치 수(Fibonacci numbers)'에 관한 연구로 잘 알려진 이탈리아 수학자 레오나르도 피보나치(Leonardo Fibonacci)가 1200년대에 인도-아라비아 숫자의 사용을 장려했으나 상인들은 16세기까지 로마 숫자를 사용했다.

소수에서 0을 나타내는 부호가 최초로 사용된 증거는 683년에 새겨진 캄보디아의 비문에 남아 있다. 이 그림에서 6과 5를 나타내는 두 숫자 사이에 있는 커다란 점은 0을 나타내며, 따라서 이 숫자는 605를 뜻한다.

03

수는 얼마나 커질 수
있을까

모든 수 체계가 무한히 확장될 수 있는 것은 아니다. 현재 우리가 사용하는 수 체계는 자릿수를 늘려 가면 어떤 수에나 도달할 수 있고 어떤 수든 표현할 수 있다. 하지만 과거에는 그렇지 않았다.

숫자가 몇 개 없다면?

가장 간단한 셈법으로 '2셈법(2-count)'이 있다. 이 방법은 복잡한 계산은 할 수 없고, 작은 수의 셈만 가능하다. 2셈법에는 1과 2에 해당하는 말과 가끔 등장하는 '다수(셀 수 없을 만큼 큰 수를 뜻함)'라는 표현이 있다. 남아프리카 오지 주민들이 사용하는 2셈법은 1과 2를 연속해서 사용하는 방식으로 이루어진다. 얼마나 많은 2를 놓치지 않고 따라갈 수 있느냐에 따라 유용성이 달라진다.

1: 사(xa)

2: 토아(t'oa)

3: 쿠오('quo)

4: 토아토아(t'oa-t'oa)

5: 토아토아타(t'oa-t'oa-ta)

6: 토아토아토아(t'oa-t'oa-t'oa)

말리에서 쓰는 언어 중 하나인 수피레(Supyre)에는 1, 5, 10, 20, 80, 400

에 해당하는 기본 숫자어가 있다. 나머지 수는 이 숫자들을 조합해서 만든다. 예를 들어 600은 '캄파오 나 쿠우 슈니 나 베슈니(kàmpwòò nà kwuu shuuní ná bééshùùnnì)'라고 표현하며, 이것은 $400 + (80 \times 2) + (20 \times 2)$라는 뜻이다.

파라과이의 토바인들은 4까지의 숫자를 나타내는 기본 숫자어를 쓰며, 이후의 수는 이 숫자어들을 반복해서 표현한다.

1	나세닥(nathedac)
2	카카이니(cacayni) 또는 니보카(nivoca)
3	카카이닐리아(cacaynilia)
4	날로타페가트(nalotapegat)
$5 = 2 + 3$	니보카 카카이닐리아(nivoca cacaynilia)
$6 = 2 \times 3$	카카이니 카카이닐리아(cacayni cacaynilia)
$7 = 1 + 2 \times 3$	나세닥 카카이니 카카이닐리아(nathedac cacayni cacaynilia)
$8 = 2 \times 4$	니보카 날로타페가트(nivoca nalotapegat)
$9 = 2 \times 4 + 1$	니보카 날로타페가트 나세닥(nivoca nalotapegat nathedac)
$10 = 2 + 2 \times 4$	카카이니 니보카 날로타페가트(cacayni nivoca nalotapegat)

이런 종류의 체계는 자녀의 수나 비교적 적은 양의 사물을 셀 때는 문제가 없지만, 숫자가 커지거나 복잡한 계산이 필요할 때는 결국 한계에 부딪힐 수밖에 없다.

작은 무한대

무한대는 셀 수 없을 만큼 큰 수라는 느낌이 든다(7, 8장 참조). 그러나 토바인들과 남아프리카의 오지 사람들에게는 100보다 작은 수도 그렇게 느껴질 수 있다. 이들은 추상적인 수학보다는 실생활의 필요에 따라 수를 인식하기 때문에 가족이나 가축의 규모를 훨씬 뛰어넘는 무한대 개념을 상상할 필요가 거의 없다.

무한대 기호

0보다 작은 수

초창기의 평범한 셈법에서는 음수가 필요 없었다. 실제로 고대 그리스인들은 음수를 인정하지 않았으며, 서기 3세기의 그리스 수학자 디오판토스(Diophantos)는 $4x+20=0$ 같은(x가 음수여야 풀리는) 방정식은 있을 수 없다고 여겼다.

먼 옛날, 검수만 하던 시절의 농부는 양 세 마리가 없어졌다는 걸 알았을 때 '−3의 양이 있다'라고 표현할 필요는 없었을 것이다. 그저 전체 가축 수에서 세 마리가 부족하다고 말하면 그만이었다. 그러나 상업이 발달하면서 부채(負債)를 표시할 필요성이 생겼다. 누군가 동전 100개를 빌려가면 장부에 '−100개'라고 쓰고, 그중 50개를 갚으면 '−50개'라고 쓰는 식으로 말이다. 인도에서는 서기 7세기부터 이러한 상업적 목적으로 음수를 사용했다.

음수가 맨 처음 등장한 것은 이보다 훨씬 이전이다. 고대 중국의 수학자 유휘(劉徽)는 3세기에 음수를 사용한 산술법을 확립했다. 그는 득과 실, 즉 양수와 음수를 나타내는 두 가지 색깔의 산가지(셈대)를 사용했다. 오늘날의 회계 관습과는 반대로 그는 빨간색 산가지로 양수를, 검은색 산가지로 음수를 표시했다.

셈과 측정

대부분의 사물은 셀 수가 있다. 하지만 모두 다 쉽게 셀 수 있는 것은 아니며, 전혀 셀 수 없는 경우도 있다. 쉽게 셀 수 있는 것보다 그렇지 못한 경우가 훨씬 많다.

사람과 동식물, 적은 수의 돌멩이와 씨앗 등은 셀 수가 있다. 그러나 추수한 밀알의 수나 숲속 나무의 수, 개미집 속 개미의 수를 세는 것은 이론상으로는 가능하지만 실제로는 불가능에 가깝다. 이와 같은 것들은 세는 것보다 측정하는 편이 낫다. 인간은 오래전부터 무게나 부피로 곡식의 양을 측정하기 시작했다. 어떤 것은 그런 식으로밖에 측정할 수가 없다. 액

수의 분류

수학자들은 현재 여러 범주로 수를 구분하고 있다.

- 자연수는 우리가 처음 접하는 수로 1, 2, 3과 같이 개수를 셀 때 사용한다.
- 범자연수는 자연수에 0을 포함한 것으로 0, 1, 2, 3과 같은 식으로 계속된다(0이 어떻게 온전한 수인가 하는 의구심이 들 수도 있다. 온전한 숫자라기보다는 비어 있는 것처럼 보이니까 말이다. 하지만 그건 수학자들이 알아서 할 일이므로 신경 쓸 필요가 없다).
- 정수는 범자연수와 0 이하의 숫자, 즉 음수를 포함한 수로 $-3, -2, -1, 0, 1, 2, 3$ 등이 해당된다.
- 유리수는 $\frac{1}{2}, \frac{1}{3}$과 같이 분수 형태로 나타낼 수 있는 수다. 정수도 $\frac{1}{1}, \frac{2}{1}$ 등으로 표시할 수 있으므로 유리수에 포함된다. 범자연수들 사이의 모든 분수도 분수로 쓸 수 있으므로($1\frac{1}{2}$을 $\frac{3}{2}$으로 표시할 수 있는 등) 유리수에 포함된다. 모든 유리수는 유한소수나 순환소수로 표시할 수 있다. 즉 $\frac{1}{2}$은 0.5로, $\frac{1}{3}$은 0.33333…으로 쓸 수 있다.
- 무리수는 유한소수나 순환소수로 표현할 수 없으며 두 개의 범자연수 사이의 비율로 표현할 수 없는 수다. 무리수는 불규칙하게 계속 이어지는 소수다. 예로는 π, $\sqrt{2}$, e(자연상수) 등이 있으며, 규칙성이 없는 이런 수들도 컴퓨터로 수조 자리까지 계산이 가능하다.
- 실수: 위에서 언급한 모든 수를 포함한다.
- 허수: -1의 제곱근으로 정의되는 i를 포함하는 수다.

체의 부피나 돌의 무게(또는 질량), 땅의 면적 등이 그렇다.

셈을 넘어서는 측정에는 온도 등을 잴 때 쓰는 눈금이 필요하다. 눈금은 음수의 개념이 필요하다. 절대영도로 시작하지 않는 눈금에서는 음수가 유용하며, 섭씨 방식이든 화씨 방식이든 온도계에는 음수가 반드시 필요하다. 음수는 벡터(방향을 포함하는 양)에도 필요하다. 한쪽 방향은 양수로 표시하고 반대 방향은 음수로 표시해야 하기 때문이다. 또 시계 방향으로

45도 도는 것은 +45도 회전이고, 30도만큼 되돌아오는 것은 −30도 회전이다. 이온(전기로 충전된 입자)은 양전하를 띨 수도 음전하를 띨 수도 있으며, 어떤 전하를 띠느냐에 따라 다른 물질과의 반응이 달라질 수 있다. 우리는 다음과 같은 상황에서 음수를 접하게 된다.

- 승강기에서 −1층은 0층으로 볼 수 있는 바닥 면에서 1개 층 아래를 뜻한다.
- 축구팀의 골 득실 차가 마이너스라면 득점보다 실점이 많음을 뜻한다.
- 해발고도에서 음수값은 지리적 위치가 해수면 아래임을 뜻한다.
- 마이너스 인플레이션(디플레이션)은 소비자물가가 떨어지고 있음을 뜻한다.

셈을 할 줄 아는 동물

우리는 수학을 인간 고유의 영역으로 생각하지만, 일부 다른 동물도 셈을 할 줄 안다. 과학자들은 일부 도롱뇽과 물고기 종들이 무리 간의 규모 차이가 두 배 이상일 때 무리를 구분할 수 있다는 사실을 발견했다. 꿀벌은 4까지의 수를 확실히 구분한다. 여우원숭이와 일부 다른 원숭이 종들도 제한적이나마 수를 세는 능력이 있으며, 일부 조류도 자기가 낳은 알이나 새끼가 없어졌을 때 알아챌 수 있는 정도는 된다.

이런 방식의 구분법은 비교적 적은 양의 개체를 헤아릴 때는 그럭저럭 쓸 만하지만, 개체 수가 많아지면 한계에 부딪히게 된다.

03 수는 얼마나 커질 수 있을까

수는 실재하는가

수의 분류 중 현실에 가장 부합하는 수는 범자연수일 것이다. 독일의 수학자 레오폴트 크로네커도 그렇게 생각했다.

범자연수는 깊이 파고들지만 않으면 스스로 자연의 일부이기라도 한 것처럼 현실과 잘 들어맞아 보인다. 예를 들어 늑대 세 마리가 숲을 달리는 모습을 상상해 보자. 이 모습은 범자연수로 다룰 수 있을 법한 자연계의 한 사건이다. 그러나 실제로는 각각의 늑대를 구분하는 명확한 경계를 설정할 수가 없다. 늑대들에게서는 들고나는 원자들이 늘 있으며, 다른 늑대들과의 마찰로 정전기가 발생해 전자가 더 생성되기도 한다. 사실 세포들의 대부분도 늑대의 일부는 아니다. 늑대 한 마리를 대략적으로 구성하는 독립체가 있기는 하지만 그것은 계속해서 변화한다. 늑대는 점점 더 작아져 아원자 입자가 될 수도 있으며, 심지어 그때조차 어떤 것은 구름이나 에너지파처럼 특정 순간에 특정 위치에 있을 수도 있고 없을 수도 있어서 세기가 어렵다.

범자연수는 특정 순간의 스냅사진 같은 것일까? 그 순간은 얼마나 짧을까? 그 순간을 어떻게 측정할 수 있을까? 시간 같은 연속체는 대단히 자의적인 방식으로 측정된다. 그리고 앞서 제논의 역설에서 보았듯이(18쪽 참조), 시간을 아주 짧은 순간으로 나누면 그때의 논리적 결론은 우리가 관찰하는 현실과 맞지 않게 된다.

달리는 세 마리의 늑대는 고정된 개체처럼 보이지만 원자와 에너지는 끊임없이 변해 각 개체의 경계가 불명확하다.

04

10은 얼마나 큰 수일까

10은 일반적으로 9보다 1만큼 더 큰 수로 여겨진다. 하지만 반드시 그런 것은 아니다.

우리의 수 체계는 '10진법'이다. 한 자리의 수가 9에 이르면 그다음 수는 일의 자리를 0으로 하고 새로운 자리, 즉 우리가 '십의 자리'로 지정한 자리에 자리올림을 한다. 이후로 이어지는 수들은 두 개의 자릿수를 쓰며, 숫자 하나는 십의 자리를, 다른 하나는 일의 자리를 나타낸다. 수가 99까지 도달하여 두 개의 자릿수에 들어갈 숫자들이 소진되면 추가로 백의 자리를 만들어서 자리올림을 한다. 그런데 한 자리에 놓일 가장 높은 숫자가 반드시 9일 필요는 없다. 더 큰 수나 더 작은 수를 쓸 수도 있다.

10진법이란 무엇인가

'10진법'이라는 명칭 자체에서 알 수 있는 정보는 많지 않다. 이는 그저 우리가 한 자리에서 수 세기를 멈추고 새로운 자리로 자리올림하여 사용하는 첫 번째 숫자가 항상 '10'이 된다는 뜻일 뿐이다. 9진법으로 수를 세는 외계 종족이 있다면 그들도 자기들의 수 체계를 10진법 체계라고 부를 수 있으며, '9'라는 숫자를 쓰지 않고, 0부터 8까지 세고 나서 다음 자리에 '10'을 쓸 수도 있다. 따라서 우리에겐 현재 우리가 진법을 말할 때 사용 중인 '10' 대신 쓸 새로운 명칭과 표기가 절실히 필요하다.

우리가 10진법 수 체계를 개발하게 된 것은 아마도 우리 손가락이 열 개여서 10 단위로 수를 세기가 쉬웠기 때문일 것이다. 만일 발가락이 세

나무늘보가 지배하는 세상이라면 6진법이나 3진법, 혹은 12진법이 발달했을지도 모른다.

개인 나무늘보가 지구를 지배하는 종이었다면 6진법이나 3진법의 수 체계를 개발했을 것이다. 나무늘보가 앞발 발가락뿐만 아니라 뒷발 발가락까지 기꺼이 사용했다면 12진법을 개발했을 수도 있다. 각각의 수 체계에서는 수를 다음과 같이 세게 된다.

3진법 – 나무늘보1의 수 세기									
0	1	2	10	11	12	20	21	22	100

6진법 – 나무늘보2의 수 세기									
0	1	2	3	4	5	10	11	12	13

8진법 – 문어의 수 세기									
0	1	2	3	4	5	6	7	10	11

10진법 – 인간의 수 세기									
0	1	2	3	4	5	6	7	8	9

만일 문어가 지배적인 종이었다면 아마 '8진법'으로 수를 셌을 것이다. 사실 문어는 아주 지적인 동물이어서 어쩌면 실제로 8진법으로 수를 세고 있는지도 모를 일이다.

다른 진법들이 어떻게 운용되는지 확인하려고 굳이 다른 동물 종까지 대입해 볼 필요는 없다. 과거 바빌로니아인들은 60진법을(6장 참조), 마야인들은 20진법을 사용했다.

2셈법은 2진법 체계를 쓴다. 우리는 지금껏 꽤 많은 측정체계에서 12진법을 근간으로 해 왔다(12인치는 1피트, 12페니는 옛 1실링, 연필 12자루는 1다스). 인간의 신체를 활용하더라도 10진법만을 고집할 이유는 없다.

뉴기니의 오크사프민족은 한쪽 손의 엄지손가락부터 시작해서 팔로 이동해 얼굴로 올라갔다가 반대편 손 쪽으로 다시 내려가며 신체 부위를 헤아린 총합에서 나온 27진법을 사용한다.

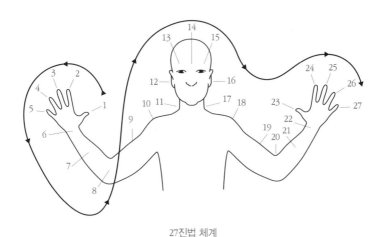

27진법 체계

컴퓨터의 셈법

우리가 어디에나 10진법을 쓰는 것은 아니다. 많은 컴퓨터 작업이 16진법을 사용한다. 그런데 9 이상의 수를 표현할 숫자가 따로 없기 때문에 16진법에서는 10에서 15까지에 해당하는 수에 알파벳을 순차적으로 대입해서 쓴다.

10진법 – 인간의 수 세기																
0	1	2	3	4	5	6	7	8	9	10	11	12	13	14	15	16

16진법 – 컴퓨터1의 수 세기																
0	1	2	3	4	5	6	7	8	9	A	B	C	D	E	F	10

컴퓨터에서 색깔을 나타내는 #a712bb 같은 코드를 본 적이 있을 것이다. 이 코드는 16진법의 수 3개(a7, 12, bb)를 연달아 쓴 것으로, 세 가지 기본 색상인 빨강, 초록, 파랑에 각각의 값을 부여한 것이다. 이 기본 색상들을 조합하여 모니터에 표시되는 모든 색이 만들어진다. 이 숫자들을 10진법으로 변환하면 각각 $167[a7 = (10 \times 16) + 7]$, $18[12 = (1 \times 16) + (2 \times 1)]$, $187[bb = (11 \times 16) + (11 \times 1)]$이 된다. 16진법을 사용하면 큰 수도 단 두 자릿수로 표시할 수 있다($255 = ff$).

궁극적으로 컴퓨터상의 모든 작업은 2진법으로 이루어진다. 2진법에서는 숫자가 2에 도달할 때마다 자리올림을 하여 새로 수를 세기 때문에 0과 1, 이 두 개의 숫자만 사용된다.

2진법 - 컴퓨터2의 수 세기									
0	1	10	11	100	101	110	111	1000	1001
10진법 - 인간의 수 세기									
0	1	2	3	4	5	6	7	8	9

2진법에서는 모든 숫자가 둘 중 하나의 상태, 즉 on/off 또는 양/음으로 표현된다. 이는 전하의 존재 유무로 어떤 정보든 자기디스크나 자기테이프에 부호화할 수 있다는 뜻이다.

외계인에게 보내는 메시지

우주의 다른 곳에 지적인 존재가 있다면 그들은 수를 어떻게 셀까? 그들이 17개의 촉수를 가지고 있다면 아마 17진법으로 수를 셀 것이다. 하지만 어느 시점에든 2진법을 발견하고 2진법을 사용하게 될 가능성도 크다(숫자가 단지 인간의 창조물이 아니라고 가정한다면 말이다). 그럴 경우 2진법은 우리가 그들과 소통할 수 있는 공통분모가 될 수 있다.

1972년과 1973년에 각각 발사된 우주탐사선 파이어니어 10호와 11호에는 외계 생명체에게 보내는 메시지로 인간 남녀의 모습과 태양계, 수소의 원자 모형 등 지구에 관한 정보가 담긴 금속판이 부착되어 있었다. 금속판의 왼쪽 상단 그림이 수소의 원자 형태를 나타내는 것으로, 이 상징의 가운데에 있는 작은 세로선은 컴퓨터 2진법의 1을 나타낸다. 이 수소 원

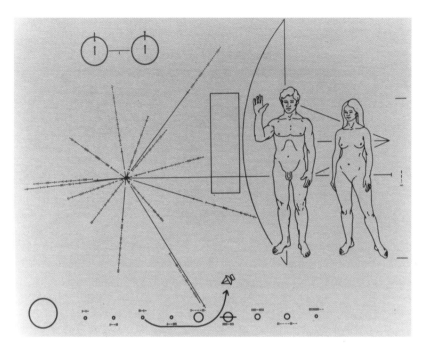

우주탐사선 파이어니어 10호와 11호에 부착된 금속판에는 인류와 지구에 관한 정보가 담겨 있다.

자의 스핀 반전은 길이와 시간을 측정하는 단위로 사용되며, 이 두 단위는 다른 상징들의 기준이 된다. 우주여행을 할 수 있을 정도의 문명이라면 충분히 이해할 수 있는 정보들이었다.

또 다른 방식의 셈법도 가능할까? 개별 숫자를 수 체계의 기수로 취하는 방법이 우리에게는 가장 직관적으로 느껴지지만 다른 방식의 접근도 가능하다. 만약 우리 문화가 파이(π)를 기수로 하여 셈을 하는 원 중심의 문화라면 어떨까? 아니면 우리 수 체계가 거듭제곱을 근간으로 하고 있다면 어떨까? 각기 일차원, 이차원, 삼차원 개체인 선, 면, 입체를 중심으로 하는 체계이니 불가능한 얘기만은 아니다. 이런 체계가 어떻게 작동할지를 상상하기란 불가능에 가깝다. 우리가 전자기 스펙트럼의 다른 부분을 볼 수 있다면 세상이 어떻게 보일까를 상상하기가 불가능한 것과 마찬가지다. 실제로 꿀벌은 자외선을 볼 수 있으며, 방울뱀은 적외선을 감지할 수 있다. 우리는 우주의 다른 생명체가 수를 전혀 다른 방식으로 사용할 가능성 혹은 전혀 사용하지 않을 가능성을 배제할 수 없다.

기수의 심화 활용: 로그

로그는 '특정한 수를 얻기 위해 밑수(base)에 거듭제곱해야 하는 지수'를 가리킨다. 헷갈리지만 그리 어려운 개념은 아니다. 로그는 다음과 같이 표현한다.

$$y = b^x \Leftrightarrow x = \log_b(y)$$

좀 더 알기 쉽게 숫자를 넣어서 살펴보자.

$$1000 = 10^3$$

따라서 다음과 같다.

$$\log_{10}(1000) = 3$$

로그는 매우 큰 수를 훨씬 작은 수로 바꿔 주므로 큰 수들을 다루기에 유용하다. 큰 수들의 곱셈은 로그의 합으로 바꿔서 계산하고, 나눗셈을 할 때는 로그의 차로 바꿔서 계산하면 된다.

계산기와 컴퓨터가 일상화되기 전에는 로그표를 활용해 복잡한 계산을 수행했다.

만약 어떤 수에 소수제곱(범자연수가 아닌 수로 거듭제곱)을 하는 경우라면 이해하기가 더욱 까다롭다. 예를 들어, 밑을 10으로 하는 2의 로그는 $\log_{10}(2) = 0.30103$이며, 이는 곧 $10^{0.30103} = 2$라는 뜻이다. 어떻게 어떤 수를 범자연수보다 더 적은 횟수로 거듭제곱할 수 있을까? 수학이란 참으로 오묘하다.

2를 거듭제곱한 값을 그래프로 그려 보면 다음과 같이 나타난다(이것이 바로 로그곡선이며, 많은 그래프들이 이런 모양을 띤다. 여기서의 곡선은 y축($x=0$)에 다가가기는 하지만 결코 완전히 접하지는 않는다).

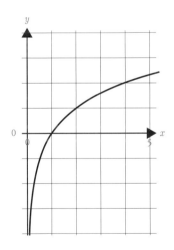

그래프가 그려지면 어떤 값이든 읽을 수가 있다. 어떤 수의 소수제곱 같은 명백히 불가능한 값까지도 말이다.

모든 로그 그래프는 로그의 밑이 무엇이든 x값이 1인 지점에서 x축을 지나게 된다. 어떤 수든 0제곱을 하면 1이 되기 때문이다.

$10^0 = 1$

$2^0 = 1$

$15.67^0 = 1$

분명, $y = 0$ 밑으로도 그래프는 이어진다. 음수 거듭제곱은 1보다 작은 값을 낸다. 음수 부호는 밑수 위에 1을 놓으라는 뜻이어서(역수) 분수값이 나오기 때문이다.

$2^{-1} = \dfrac{1}{2}$

$2^{-2} = \dfrac{1}{2^2} = \dfrac{1}{4}$

로그의 밑이 반드시 10이어야만 한다고 생각할 수 있지만 그렇지 않다. 예를 들어 2를 밑으로 하는 16의 로그값은 4다.

$16 = 2^4$

따라서 다음과 같다.

$$4 = \log_2(16)$$

과학과 공학 분야는 물론이고 금융계에서도 이른바 '자연로그'를 사용하는데, 이는 2.718281828459…와 같은 무리수(무한히 이어지는 소수) e를 밑으로 하는 로그다.

e에 관하여

'오일러의 수'라고도 하는 e는 수학자들이 다음과 같이 부담스러운 공식으로 정의하는 수다.

$$e = \sum_{n=0}^{\infty} \frac{1}{n!}$$

이것은 다음과 같은 의미이며, 꽤 단순하다.

$$e = 1 + \frac{1}{1} + \frac{1}{1 \times 2} + \frac{1}{1 \times 2 \times 3} + \frac{1}{1 \times 2 \times 3 \times 4} + \cdots$$

위와 같이 합이 무한히 이어진다. 이 연속되는 값들의 앞부분만 계산해보면 다음과 같다.

$$e = 1 + \frac{1}{1} + \frac{1}{2} + \frac{1}{6} + \frac{1}{24} + \cdots$$
$$= 1 + 1 + 0.5 + 0.1666\cdots + 0.0416\cdots + \cdots$$
$$= 2.70826\cdots$$

자연로그는 $\log_e$ 또는 ln이라고 표시한다. 따라서 $\log_e(n)$은 n이 나오도록 e를 거듭제곱해야 하는 지수값이다.

$$e^{1.6094} = 5$$

따라서 다음과 같다.

$$\log_e(5) = 1.6094$$

이런 걸 어디에 쓸까 하는 생각이 들 수도 있지만, 복리 이자 등을 계산할 때 자주 사용한다. 1달러의 예금에 대해 t년 동안 연이율 R로 복리 이자를 계산하는 공식은 e^{Rt}다. 만약 5년 동안 4퍼센트의 이율로 돈을 투자하면 5년 뒤에는 $e^{0.04 \times 5} = e^{0.2} = 1.22\cdots$, 즉 1달러 22센트의 원리금을 얻게 된다. 만약 10달러를 투자한다면 그 원리금은 다음과 같다.

$$10e^{0.04 \times 5} = 10e^{0.2} = 12.21$$

*e*를 활용한 또 다른 사례: 구인광고

2007년 구글은 미국 일부 도시에 다음과 같은 광고판을 내걸었다.

'{*e*의 연속된 자릿수 중에서 찾을 수 있는 최초의 열 자리 소수}.com'

이 문제를 풀어 웹주소(7427466391.com)로 들어가면 훨씬 어려운 문제가 하나 더 나오고, 그 문제를 풀면 구글 랩스(Google Labs) 페이지로 연결되는데, 여기까지 도달한 괴짜는 구글에 지원할 수 있었다.

05

왜 간단한 질문에
답하기가 어려울까

질문하기는 쉬우나 답하기는 어렵다. 확실한 증명을 원할 때는 더욱 그렇다. 모든 짝수를 두 소수(素數)의 합으로 표현할 수 있을까? 언뜻 보기엔 간단해 보이는 질문이다. 프로이센의 아마추어 수학자 크리스티안 골드바흐(Christian Goldbach)는 2보다 큰 모든 정수를 두 소수의 합으로 표현할 수 있으리라 추측했다. 그는 1742년에 이러한 내용을 담은 편지를 세계적으로 유명한 수학자 레온하르트 오일러(Leonhard Euler)에게 보냈다. 숫자 몇 개를 이용해 시도해 보면 그것이 가능한지 확인하는 것은 어렵지 않다.

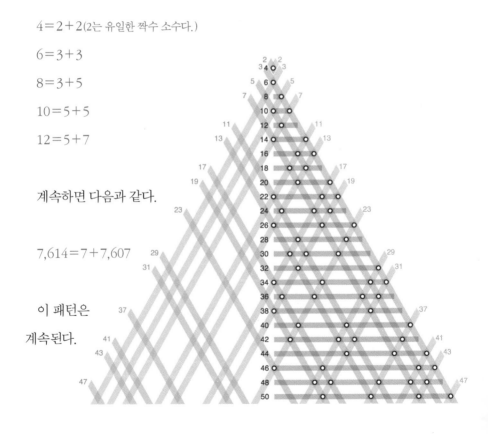

$4 = 2 + 2$ (2는 유일한 짝수 소수다.)

$6 = 3 + 3$

$8 = 3 + 5$

$10 = 5 + 5$

$12 = 5 + 7$

계속하면 다음과 같다.

$7,614 = 7 + 7,607$

이 패턴은
계속된다.

처음과 기본

'첫 번째(first)'와 '기본적인(prime)'이란 말은 때에 따라 같은 뜻으로 쓰이기도 하지만, 숫자에서는 첫 번째 수(first number) 1이 사실 기본적인 수(prime number, 수에서는 '소수')로 간주되지 않는다. 소수의 정의는 '1보다 크고 1과 자기 자신으로만 나누어지는 수'로, 1은 소수에 포함되지 않는다. 더 복잡한 다른 이유도 있지만, 여기서는 그냥 1이 너무 특별해서 소수가 아니라는 뜻으로 이해하기로 하자.

사실 골드바흐는 1을 소수라고 여겼다. 그는 '골드바흐의 추측(Goldbach's conjecture)' 말고도 '약한 골드바흐의 추측(weak Goldbach's conjecture)'이라는 추측도 제시했는데, '2보다 큰 모든 홀수는 세 소수의 합으로 표현할 수 있다'라는 내용이었다. 나중에 이 명제는 '5보다 큰 모든 홀수는 세 소수의 합으로 표현할 수 있다'라고 바뀌었고, 더는 1을 맞지 않는 역할에 끌어들일 필요가 없어졌다['약한 골드바흐의 추측'은 2013년 페루의 수학자 아랄드 엘프고트(Harald Helfgott)에 의해 증명되었다].

그러나 오일러는 골드바흐의 아이디어를 무시했다. 골드바흐가 많은 숫자로 자신의 아이디어를 검증하기는 했지만 끝내 증명하지는 못했기 때문이다. 수학에서는 검증한 모든 수에서 어떤 명제가 옳았다는 사실만으로는 충분하지 않다. 즉, 증명이 되어야 한다.

'골드바흐의 추측'은 오늘날까지도 증명되지 않았다. 컴퓨터를 이용해 4×10^{18}(4,000,000,000,000,000,000)까지 검증은 되었지만, 그것만으로는 충

> '모든 짝수 정수는 두 소수의 합이다. 증명할 수는 없지만 완전히 확실한 정리라고 생각한다.'
>
> 크리스티안 골드바흐가 오일러에게 보낸 편지 중에서

분하지 않다. $10^{2,000,000}$ 근처의 어떤 값에서 참이 아니라면 어떨까? 그렇다면 그것을 하나의 정리(定理)로 믿었던 우리의 꼴이 우스워질 것이다. 설령 우리가 아는 세상에서 $10^{2,000,000}$이라는 숫자를 지닌 것이 없어서 현실적으로는 그 숫자를 쓸 일이 없다고 해도 그것은 중요한 문제다. 검증만으로 증명할 수는 없어도 옳지 않음은 입증할 수 있기 때문이다(10장 참조). 이런 이유에서 반복된 검증 시도는 결코 헛된 노력이 아니다.

수학에서 '정리'란 증명될 수 있는 명제를 뜻한다. 어떤 아이디어에 대한 증명이 없으면 그 아이디어는 수많은 사례로 뒷받침된다고 하더라도 그저 짐작이나 직감에 지나지 않는 추측일 뿐이다. 나중에 증명이 발견되면 그 아이디어는 정리로 격상될 수 있다. 수백 년 전의 아이디어라 해도 다른 사람이 증명을 발견하면 그 정리에는 대개 증명을 발견한 사람의 이름이 붙는다.

프랑스의 수학자 피에르 드 페르마(Pierre de Fermat)는 이른바 '페르마의 마지막 정리(Fermat's last theorem)'에서 자신이 증명은 했지만 책에 여백이 부족해서 기록할 수 없었다고 주장했다. 1993년에서야 영국의 수학자 앤드루 와일스(Andrew Wiles)가 그 증명을 발견했지만, '페르마의 마지막 정리'라는 명칭은 이후로도 계속 사용되었다. 페르마가 스스로 그 정리를 증명했다고 주장했기 때문이다(어쨌거나 이 정리는 '페르마의 마지막 정리'라는 이름으로 아주 유명해졌다).

페르마가 정말로 증명을 했는지 못했는지 어떻게 알겠는가? 어쩌면 그는 자신의 생각이 단순한 추측으로만 남는 걸 바라지 않았던 것 같다.

페르마의 마지막 정리

———

1637년 페르마는 그리스 수학자 디오판토스의 《산수론(Arithmetica)》이라는 책 여백에 자신의 '마지막 정리'를 끄적여 놓았다. n이 2보다 큰 정수일 때 0이 아닌 세 정수 a, b, c로는 $a^n + b^n = c^n$이라는 방정식을 만족시킬 수 없다는 것이었다. 즉, $3^2 + 4^2 = 5^2(9 + 16 = 25)$과 같은 형식은 가능하지만, 지수가 2보다 클 때는 같은 방식으로 표현할 수 없다는 의미다. 페르마는 책의 여백에 자신이 이 정리를 증명했지만 여백이 너무 좁아서 기록할 수 없다고 적어 놓았다.

증명이 가능한가

수학에서는 단순한 질문도 증명을 제시해야 하는 어려움 때문에 답을 하기가 매우 힘들어질 수 있다. 골드바흐는 자신의 생각이 참임을 확신하지만 증명할 수는 없다고 했다.

컴퓨터는 모든 유용한 숫자들과 유용한 영역을 훨씬 뛰어넘는 큰 숫자들에서 그 정리가 참임을 입증할 수 있다.

수학의 증명은 (연역의 반대인) 귀납적 논증이다. 그것은 이미 확립된 다른 증명(정리)이나 자명한 진리로 알려진 공리(公理, axiom)에 근거해야 한다. 따라서 증명은 논리와 추론에 기반한다. 하나의 증명에서 모든 단계는 알려진 진리를 기반으로 해야 한다. 드물지만 모든 가능성을 다 검토할 수 있는 경우에는 사례 검토를 바탕으로 증명할 수도 있다.

예를 들어, 2와 400 사이의 모든 짝수에 적용되는 어떤 추측이 있다면 우리는 숫자를 하나하나 대입해 가며 조건에 맞는지를 검토할 수 있다. 그렇다면 그 추측을 증명한 것이고 정리를 갖게 된다. 그러나 이런 경우는 흔치 않다. 골드바흐의 추측에 관해서는 경우의 수가 무한히 많아서 모든 숫자를 검토할 수가 없다. 그보다는 숫자를 대신할 수 있는 변수들을 사용한 증명이 필요하다.

유클리드의 공리

이제 앞에서 언급한 '자명한 진리', 즉 공리에 대해 알아보자.

어떤 것을 자명한 진리로 만드는 것은 무엇일까? 누구에게나 '1 + 1 = 2'는 자명한 진리로 보일 것이다. 그러나 수학자라면 이를 받아들이기에 앞서 그것이 사실임을 증명해야 할 것이다. 공리는 이보다도 훨씬 더 근본적이다.

기원전 300년경에 활동했던 그리스 수학자 유클리드는 자신의 기하학 저서 《원론(Elements)》에서 다섯 가지 공준(公準, postulate)을 언급했다(《원론》은 성서를 제외하고 가장 오랜 기간 동안 읽혀 온 책이다. 이 책은 2,000년 이상 기하학 교재로 사용되어 왔다).

EUCLIDES

기하학에 관심이 많았던 유클리드는 기하학의 기초를 다지기 위해 공리와 공준을 구분했다. 공리는 일반적으로 모든 학문에서 자명한 진리로 받아들여지는 가정이고, 공준은 기하학에서만 유효한 가정이다.

- 두 점이 있을 때 두 점을 잇는 직선을 그릴 수 있다(이것은 '선분'을 만든다).

- 임의의 선분은 양 끝을 무한히 늘릴 수 있다. 즉, 하나의 선을 한없이 길게 확장할 수 있다.

- 한 점을 중심으로 하고 한 선분을 반지름으로 하는 원을 그릴 수 있다(이 말은 눈으로 직접 보기 전에는 어렵게 느껴질 수 있다. 컴퍼스로 예를 들자면 점은 중심을 잡는 곳이며, 선분은 컴퍼스의 다리 간의 거리다. 이제 컴퍼스를 둥글게 돌리면 원을 그릴 수 있다).

- 모든 직각은 서로 같다.

- 두 직선이 하나의 직선과 만날 때 같은 쪽에 있는 두 내각의 합이 180도보다 작으면 두 직선을 무한히 연장했을 때 반드시 서로 만나게 된다.

다섯 번째 공준은 복잡하게 들리지만 그림으로 그리면 다음과 같다.

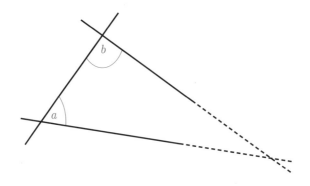

그리고 $a+b$가 180도보다 작으면 두 선은 서로 만나 삼각형을 이루게 된다.

유클리드는 그 밖에 다섯 가지 공리도 제시했다.

- 같은 것에 대해 같은 값을 가지는 것들은 서로 같다($a=b$이고 $b=c$이면 $a=c$이다).
- 같은 것에 같은 것을 더하면 서로 같다($a=b$라면 $a+c=b+c$이다).
- 같은 것에서 같은 값을 빼면 서로 같다($a=b$라면 $a-c=b-c$이다).
- 서로 정확히 겹치는 것들은 서로 같다.
- 전체는 부분보다 크다.

최근에는 수학자들이 공리를 특정한 내용이나 상황에 구애받지 않게 하려고 애써 왔다. 수학적 명제는 특정 상황과 연관성이 적을수록 더 폭넓게 적용될 수 있다. 하지만 수학자가 아닌 일반 사람들에게는 그것이

수학의 발견 수학의 발명

현실 세계와 연관성이 적을수록 덜 유용해 보인다.

증명하기

증명은 어떻게 이루어질까? 우리에게 아주 친숙한 정리인 피타고라스의 정리(Pythagorean theorem)를 살펴보자. 이 정리는 직각삼각형에서 짧은 두 선의 길이를 각기 제곱하여 합한 값이 긴 변의 제곱과 같다는 것이다 (보통은 '직각삼각형에서 빗변의 길이를 제곱한 값은 나머지 두 변의 길이를 각각 제곱하여 더한 값과 같다'라고 표현한다).

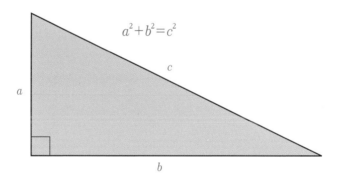

그럼 피타고라스의 정리를 어떻게 증명할까? 여러 가지 방법이 있지만 지금은 한 가지만 살펴보기로 하자.

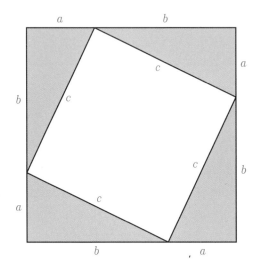

　우선 위 그림의 회색 부분과 같이 네 개의 삼각형을 활용해 사각형을 그린다.

　삼각형들의 직각 부분은 사각형의 모서리가 된다. 이렇게 하면 안에 작은 사각형이 포함된 큰 사각형의 형태가 된다. 그림만 보고도 증명을 단박에 알아차릴 수 있다. 큰 사각형의 각 변은 $a+b$로 이루어지므로 큰 사각형의 전체 넓이는 다음과 같다.

$$\mathrm{A} = (a+b)(a+b)$$

작은 삼각형 각각의 넓이는 다음과 같다.

$$\frac{1}{2} \times ab$$

수학의 발견 수학의 발명

가운데 사각형의 넓이는 다음과 같다.

$$c^2$$

따라서 전체 사각형의 넓이는 다음 두 가지 방식으로 표현할 수 있다.

$$A = (a+b)(a+b)$$
$$A = c^2 + 4 \times (\frac{1}{2} \times ab)$$

두 식을 전개해 보면 각각 다음과 같다.

$$A = a^2 + 2ab + b^2$$
$$A = c^2 + 2ab$$

따라서 다음과 같이 쓸 수 있다.

$$a^2 + 2ab + b^2 = c^2 + 2ab$$

양변에서 $2ab$를 없애면 다음과 같다.

$$a^2 + b^2 = c^2$$

이렇게 증명되었다.

어떤 수든 대신할 수 있는 변수 a, b, c를 이용하여 참임을 입증했으므로 이것은 증명으로 간주되고, 피타고라스의 정리는 정리로 불릴 수가 있다. 상상할 수 있는 모든 삼각형으로 다 시험해 볼 필요는 없다. 증명을 통해 아무리 크거나 작은 직각삼각형에서도 이 명제가 참임이 입증되었기 때문이다. 삼각형은 1나노미터의 변을 가질 수도 있고 400억 킬로미터의 변을 가질 수도 있으며, 어떤 경우든 이 명제는 참일 것이다.

이처럼 단순한 질문에도 답을 하기는 쉽지 않다. '명백해 보인다'라는 직관이나 경험적 증거만으로는 수학자를 설득하기에 불충분하기 때문이다.

06

바빌로니아인은 우리에게
무엇을 남겼을까

당신은 오늘 몇 시에 일어났는가? 그때 두 시곗바늘의 각도는 몇 도였는가? 당신의 별자리는 무엇인가? 우리가 일상생활에서 접하는 관습 중 일부는 생각보다 아주 오래되었다.

60진법

바빌로니아인의 수 체계는 10과 60을 기반으로 이루어졌다. 그들의 수 체계는 흔히 60진법 체계로 일컬어지지만, 10도 중요한 구분점으로 사용

1	2	3	4	5	6	7	8	9	10
𒁹	𒈫	𒐈	𒐉	𒐊	𒐋	𒐌	𒐍	𒐎	𒌋
11	12	13	14	15	16	17	18	19	20
21	22	23	24	25	26	27	28	29	30
31	32	33	34	35	36	37	38	39	40
41	42	43	44	45	46	47	48	49	50
51	52	53	54	55	56	57	58	59	60
61	62	63	64	65	66	67	68	69	70

수학의 발견 수학의 발명

되었다(4장 참조).

바빌로니아인들은 단 두 개의 부호로 숫자를 표현했다. 일의 자리에서는 9에 도달할 때까지 부호를 반복해서 쓰고, 그다음에는 새로운 부호로 10을 표시했다. 60에 도달할 때까지는 일의 자리와 십의 자리 부호를 조합해서 사용했고, 이후부터는 새로운 위치에서 1을 나타내는 부호를 다시 썼다. 즉 그들은 단 두 개의 부호를 조합해 위치만 바꿔 씀으로써 어떤 숫자든 표현할 수 있었다.

'60의 자리'는 숫자가 59에 도달할 때까지 사용되다가 자리올림이 이루어지면 60에 60을 곱한 3,600의 뜻으로 사용되었다.

바빌로니아 숫자에서는 공백이 아주 중요한 역할을 했다. 숫자 𐎚𐎚는 1×2＝2이지만, 𐎚 𐎚처럼 둘 사이에 공백이 있으면 (60×1)＋(1×1)＝61이라는 뜻이었다. 0은 기울어진 모양으로 표시되었고, 숫자 사이에 있는

점토에 새겨진 바빌로니아 숫자

0을 나타낼 때만 사용되었다.

$$
\begin{aligned}
&\text{𒐕} &&= 60 \times 60 = 3{,}600 \\
&\text{𒐕 𒐕} &&= 3{,}600 + 60 = 3{,}660 \\
&\text{𒐕 𒑊 𒐕} &&= 3{,}600 + 0 + 1 = 3{,}601
\end{aligned}
$$

초와 분

한 시간을 60분으로, 1분을 60초로 분할하는 개념은 바빌로니아 수 체계에서 비롯되었다. 정작 바빌로니아인은 그다지 시간을 정확하게 측정하지 못했지만 말이다.

원의 전체 각도는 360도다. 1도는 다시 60분으로, 1분은 다시 60초로 분할된다. 현재 우리 수 체계에서 60진법 개념을 없애기란 대단히 힘들 것이다. 이 개념은 바빌로니아인들의 거친 상상력을 뛰어넘어 우주의 거리를 측정하는 전혀 새로운 분야로도 진출했다.

우주의 거리는 관찰 가능한 한도까지 기가파섹(Gpc, gigaparsec)으로 측정하는데(15장 참조), 파섹(parsec, parallax of one arc second)이란 각도의 도, 분, 초를 기반으로 하는 거리 단위다.

왜 60일까

60은 많은 인수(1, 2, 3, 4, 5, 6, 10, 12, 15, 20, 30)를 지니고 있어서 쓰기에 유용하다. 그중 중요한 인수는 12(60＝12×5)로, 바빌로니아인 역시 12를 폭넓게 활용했다. 12의 활용은 바빌로니아인에 이어(그전에는 수메르인이 사용) 고대 이집트인에게로 이어졌다. 이집트 사람들은 하루를 12시간(낮 12시간, 밤 12시간) 기준으로 나누었다. 당시에는 계절마다 한 시간의 길이가 달랐다. 밝을 때를 12등분 하고, 어두울 때 역시 또 다른 길이(밝을 때와는 다른 길이)로 12등분 했기 때문이다.

전체 시간을 동일한 길이로 정해야겠다고 처음으로 생각한 것은 고대 그리스인들이었다. 그러나 그들의 구상은 중세에 이르러 기계장치로 된 시계가 출현할 때까지는 널리 받아들여지지 못했다. 적도 근처에 살았던 바빌로니아인들에게는 어차피 시간의 길이가 연중 크게 달라지지 않았던 것이다. 만약 그들이 핀란드에 살았더라면 아마 처음부터 같은 길이로 시간을 정했을지도 모른다.

분과 초는 서기 1000년경 아랍의 박학다식한 학자 알 비루니(al-Biruni)에 의해 도입되었다. 초는 평균 태양일의 86,400분의 1로 정의되었다. 하지만 이때까지도 시간을 정확하게 측정하기란 불가능했고, 분과 초는 이후로도 수 세기 동안 대부분의 사람에게 큰 의미가 없었다.

시간과 공간

분과 초는 기하학에서 각도와 시간의 간격을 측정할 때 사용한다. 분과 초는 각도에서 먼저 사용되었고, 시간과 연관되기 시작한 것은 동그라미 형태의 시간 기록 장치가 사용되면서부터였다.

고대 그리스 천문학자 에라토스테네스(Eratosthenes)는 초기 위도 지도에서 원을 60개 부분으로 나누었다. 잘 알려진 지역의 이름이 적혀 있는 지도 위로 수평의 선들이 그어졌다. 이후 100년쯤 뒤에 히파르코스(Hipparchos)가 경도선 체계를 도입해 경도를 360도로 나누었다. 그리고 약 250년이 지난 서기 150년경에 프톨레마이오스가 지구의 경도를 360도로 나눈 후, 그중 1도를 다시 60등분 해서 '분(minute)'으로, 1분을 다시

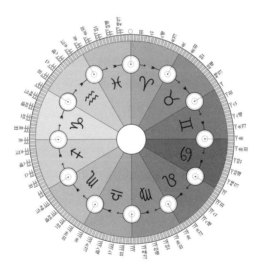

수메르인은 하루를 12구간으로 나누고, 각 구간을 30게스로 표시하여 총 360게스로 표현했다.

60등분 해서 '초(second)'로 세분화했다. 각각 '첫 번째로 아주 작은 부분'이라는 뜻의 라틴어 'partes minutae primae'와 '두 번째로 아주 작은 부분'이라는 뜻의 'partes minutae secundae'에서 나왔다.

2분의 1시간과 4분의 1시간

14세기의 시계 문자판에는 시간 구분만 있고 분 표시가 없었다. 한 시간은 2분의 1과 4분의 1로 나뉘었는데, 바로 여기에서 매시 정각과 15분, 30분, 45분에 시계 종을 울리는 전통이 생겨났다.

분을 어느 정도 정확하게 측정하게 되어 시계 문자판에 일상적으로 포함하게 된 것은 시계추가 발명된 1656년 이후인 17세기 후반에 이르러서였다. 시계 문자판이 둥근 모양이었고 이미 한 시간이 네 부분으로 분할되어 있었기 때문에, 한 시간을 60분으로 분할하는 결정은 지극히 자연스러웠다. 이렇게 하면 1분은 각도로 6도, 1초는 0.1도가 된다. 물론 시계 문자판에서 초 표시까지 알아볼 수 있게 하려면 시계를 엄청나게 크게 만들어야 하겠지만 말이다.

07

쓸모없이 큰 수는 무엇일까

숫자는 대체로 유용하다. 그러나 지나치게 커서 쓸모없는 숫자도 있다. 어떤 꼬마가 백만까지 수를 세어 보겠다며 포부도 당당하게 나섰다고 해 보자. 아마 그 아이는 백만은커녕 수를 세기 시작한 지 얼마 지나지도 않아 두 손 두 발 들고 말 것이다.

백만까지 수를 세려면 시간이 얼마나 걸릴까? 1초마다 숫자 하나씩을 센다고 가정하면 잠도 안 자고 먹지도 않고 계속 수만 세어도 11일 하고도 12시간이 걸린다. 아주 불가능한 일만은 아니다. 만약에 잠도 자고 먹기도 하면서 수를 센다면 하루 중 수 세는 데 들이는 시간이 절반 이하로 줄어들어 아마 한 달가량 걸릴 것이다. 백만을 세는 데 성공하고 나면 십억 세기에 도전해 보고 싶은 마음이 생길 수도 있다. 그러나 좋은 생각은 아니다. 위에서처럼 1초에 숫자 하나씩을 세는 속도로 밤낮 쉬지 않고 수를 세어도 십억까지 세려면 31년 8개월 반이 걸릴 테니까.

우리는 큰 숫자들 사이의 차이를 제대로 가늠하지 못한다. 크기가 얼마나 급격히 증가할 수 있는지를 간과하기 때문이다. 십억까지 수 세기가 31년이나 걸리는 지루한 일이라면 조까지 세는 건 어떨까? 조까지 세려면 31,700년 정도가 걸린다. 지난 빙하기가 끝난 이후, 즉 1만 년 전부터 수를 세기 시작했다고 하더라도 3분의 1에도 못 미치는 약 310,000,000,000 정도까지밖에 세지 못했을 것이다.

2020년을 기준으로 미국의 국가부채는 약 27조 달러다. 만일 부채가 855,500년 전쯤부터 1초에 1달러꼴로 쌓이기 시작했고 이율은 0퍼센트라고 가정해 보자. 그때 현대 인류는 아직 진화도 되지 않은 상태였으니, 맨 처음 1달러를 빌린 건 아마 글립토돈(glyptodon)이었을 것이다.

시기			부채
855,500년 전	글립토돈		1달러
200,000년 전	현대 인류 등장		20조 6,900억 달러
15,000년 전	인류의 아메리카 대륙 도착		26조 5,200억 달러
10,000년 전	대륙의 매머드 멸종		26조 6,800억 달러
4,500년 전	이집트 피라미드 건축		26조 8,600억 달러
서기 476년	로마제국 멸망		26조 9,500억 달러
1620년	메이플라워호 출항		26조 9,800억 달러
1776년	미합중국 독립		26조 9,900억 달러

앞의 표는 1조가 얼마나 큰 수인지를 깨닫게 해 준다. 하지만 조 단위도 거대 숫자 무리에서는 조무래기에 불과하다.

큰 수를 쉽고 편하게

긴 숫자를 쓰게 되면 (경제학자나 은행원들이 매일 쓰는 수십억 또는 수조 단위 정도만 되어도) 종이나 화면 공간이 금세 소진될 것이다. 거대 숫자들은 읽기도 쉽지 않아서 첫 번째 숫자에 어떤 단위를 붙일지 알려면 먼저 자릿수를 세어 보아야만 한다. 아래 숫자가 2만이라는 것은 쉽게 알 수 있다.

20,000

하지만 아래의 숫자를 자릿수를 세지 않고 곧바로 읽을 수 있을까?

234,168,017,329,112

과학적 표기법을 쓰면 큰 수를 좀 더 쉽고 편하게 쓸 수 있다. 예를 들어 100만을 1,000,000이라고 쓰는 대신 10^6, 즉 10의 6제곱으로 쓰면 된다. 이것은 단순히 10을 여섯 번 곱했다는 뜻이다.

$10 \times 10 \times 10 \times 10 \times 10 \times 10$

수학의 발견 수학의 발명

$10 \times 10 = 100$

$100 \times 10 = 1,000$

$1,000 \times 10 = 10,000$

$10,000 \times 10 = 100,000$

$100,000 \times 10 = 1,000,000$

따라서 10^6은 1 다음에 0이 6개 붙고, 10억은 10^9으로 1 다음에 0이 9개 붙는다. 그리고 조는 10^{12}이며 1,000,000,000,000라고 쓰는 것보다 훨씬 편하다.

일리언 식구들

1조를 뜻하는 '트릴리언(trillion)'은 '일리언(illion)'으로 끝나는 숫자 가문에서 명함도 못 내밀 만큼 작은 수다.

쿼드릴리언(quadrillion)	10^{15}(천조)
퀸틸리언(quintillion)	10^{18}(백경)
섹스틸리언(sextillion)	10^{21}(십해)
셉틸리언(septillion)	10^{24}(자)
옥틸리언(octillion)	10^{27}(천자)
노닐리언(nonillion)	10^{30}(백양)

디실리언(decillion)	10^{33}(십구)
언디실리언(undecillion)	10^{36}(간)
듀오디실리언(duodecillion)	10^{39}(천간)
트레디실리언(tredecillion)	10^{42}(백정)
쿼투오디실리언(quattuordecillion)	10^{45}(십재)
퀸디실리언(quindecillion)	10^{48}(극)
섹스디실리언(sexdecillion)	10^{51}(천극)
셉텐디실리언(septendecillion)	10^{54}(백항하사)
옥토디실리언(octodecillion)	10^{57}(십아승기)
노벰디실리언(novemdecillion)	10^{60}(나유타)
비진틸리언(vigintillion)	10^{63}(천나유타)
센틸리언(centillion)	10^{303}

센틸리언에 0이 303개나 붙는다는 사실이 의아할 수 있다. 왜 100개로 딱 떨어지게 하지 않았을까?

라틴어에서 숫자를 나타내는 접두사 'bi', 'tri' 등은 단순히 0의 개수를 뜻하는 게 아니라 숫자 천에 들어가는 0 세 개를 기준으로 그런 0 세 개짜리 묶음이 몇 개 더 있느냐를 뜻한다.

밀리언(million, 1,000,000)은 천보다 0 세 개짜리 묶음이 하나 더 있는 수다. 빌리언(billion, 1,000,000,000)은 천보다 0 세 개짜리 묶음이 두 개 더 있는 수다. 빌리언의 접두사 'bi'에 '둘'이라는 뜻이 있다. 트릴리언(trillion, 1,000,000,000,000)은 0 세 개짜리 묶음이 세 개 더 있는 수다. 트릴리언의 접두사 'tri'에 '셋'이라는 뜻이 있다. 센틸리언(centillion)은 접두사 'cent'에 '100'이라는 뜻이 있으므로, 기본적으로 천에 있는 0 세 개와 0 세 개짜리 묶음 100개가 더해져 0이 총 303개가 된다.

얼마나 더 커질 수 있을까

거대 숫자 중 '일리언' 계보에 속하지 않는 유명한 수가 두 개 있다. 바로 구골(googol)과 구골플렉스(googolplex)다. 구골은 1 다음에 0이 100개 붙는 수로, 다음과 같이 쓸 수 있다.

10,000,000,000,000,000,000,000,000,000,000,000,000,000,000,000, 000,000,000,000,000,000,000,000,000,000,000,000,000,000,000, 000,000

구골플렉스는 10에 구골제곱을 한 수로, 상상할 수조차 없을 만큼 큰 수다. 표기는 10^{googol}으로 한다. 구골과 구골플렉스는 미국의 수학자 에드워드 카스너(Edward Kasner)의 아홉 살배기 조카 밀턴 시로타(Milton Sirotta)가 만들었다. 본래 시로타가 설명한 구골플렉스는 1 다음에 0을 지칠 때까지 계속해서 쓴 수였다.

구골플렉스가 어찌나 큰지 이 수를 인쇄하려면 지금까지의 우주 역사보다 더 오랜 시일이 걸리고, 인쇄물을 뽑으려면 우주에 존재하는 모든 물질보다 더 많은 물질을 사용해야 한다. 글자 크기 10포인트(잡지에 인쇄하는 글자 크기)로 인쇄하면 그 인쇄물이 우리가 아는 우주 전체의 길이보다 5×10^{68}배만큼 긴 길이가 된다. 그러니 쓰다가 지칠 때까지 0을 최대한 많이 붙인 수로 구골플렉스를 정의하면 될 것이다. 어차피 이 우주에서는 전혀 쓸모가 없는 숫자일 테니까.

구골 역시 실용적인 목적으로는 별 쓸모가 없다. 우주에 존재하는 기본 입자, 즉 아원자 입자의 수는 약 10^{80}개 또는 10^{81}개로 추산된다. 1구골만 하더라도 우리의 우주 같은 우주 1,000경 개에 있는 아원자 입자 수의 10,000,000,000,000,000,000배에 이르므로, 구골플렉스까지 가는 건 정말 좀 너무하다 싶다.

그러나 몇몇 수학자들은 과학적 표기법으로도 쓰기가 번거로운 큰 수들을 어떻게 표현할지 열심히 연구해 왔다. 우리도 혹여나 10의 긴긴 거듭제곱 수를 쓰다가 지치게 될 일이 생긴다면 이런 방법들을 시도해 봐도 좋겠다.

미국의 수학자 도널드 커누스(David Knuth)는 '↑' 기호를 써서 거듭제곱을 표시했다. 'n↑m'이라는 표현은 'n을 m거듭제곱한다'라는 뜻이다. 현재 이 기호는 컴퓨터에서 '^'으로 통용되고 있으며, 예를 들어 엑셀 프로그램에서 '10^6'은 10^6이라는 뜻이다.

$n↑2=n^2$	$3↑2$는 $3^2 = 3 \times 3 = 9$
$n↑3=n^3$	$3↑3$은 $3^3 = 3 \times 3 \times 3 = 27$
$n↑4=n^4$	$3↑4$는 $3^4 = 3 \times 3 \times 3 \times 3 = 81$

커누스는 또 '↑' 기호를 반복해서 사용해 아주 큰 수를 나타낼 수 있도록 했다. 'n↑↑m'은 'n을 거듭제곱하는 과정을 m번 반복한다'라는 뜻이다.

즉, 다음과 같다.

$3↑↑3$은 $3↑(3↑3)=3^{27}=7,625,597,484,987$

벌써 7조가 넘었다.

그리고 ↑ 기호를 세 번 써서 사용하면 훨씬 더 큰 수가 된다. $3↑↑↑3$을 풀어서 쓰면 다음과 같다.

$3↑↑↑3=3↑↑(3↑↑3)=3↑↑(3^{27})$

이것은 다시 다음과 같이 쓸 수 있다.

$$3^{3^{3^{\cdot^{\cdot^{\cdot^{3^3}}}}}}$$

(쓰여진 3의 개수가 3^{27}개)

기호가 거듭될수록 이렇게 상상할 수 없을 만큼 수가 커진다. 사람들은 이보다 훨씬 더 큰 수들을 표현하는 방법도 고안해 냈다. 어떤 경우는 세모꼴이나 네모꼴 등의 도형 안에 숫자를 넣는 식으로 써서 숫자처럼 보이지 않을 때도 있다.

무한히 만들어 낼 수 있는 수

우리는 끊임없이 더 큰 수를 만들어 낼 수 있다. 만일 '그레이엄 수
(Graham's number)'를 제곱하면 어떻게 될까? 아니면 10을 그레이엄 수만
큼 제곱한다면? 우리는 계속해서 더 큰 수를 만들어 새로운 이름을 붙일
수 있다. 그렇다고 그 수들에 어떤 의미가 있다고 볼 수 있을까?

세상에서 가장 큰 수
———

수학 문제에서 지금껏 사용된 가장 큰 수는 '그레이엄 수'다. 이 수는 너무나 커서 숫자처
럼 보이도록 쓸 수가 없다. 그레이엄 수는 수학 문제의 풀이 과정에서 '상계(upper limit)'
로 제시되었는데, 수학자들은 이 문제의 정답을 '6'으로 추정한다. 이쯤 되면 수학이 우리
를 약 올리며 "그래, 뭐든 어때. 6이면 그럭저럭 괜찮아."라고 말하는 것 같다.

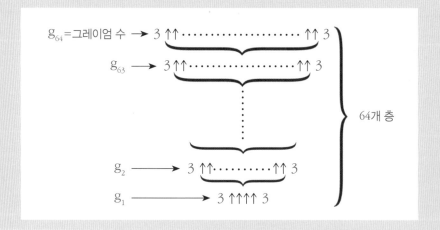

수학의 발견 수학의 발명

08

무한대는 무슨
쓸모가 있을까

아주아주 큰 수를 사실상 쓸 일이 없다면 무한대는 얼마나 더 쓸모가 없을까?

우주는 무한하거나 유한하거나 둘 중 하나일 것이다. 우주가 유한하다면 무한한 무언가를 그 속에 담는 게 불가능할 것이다. 하지만 속단하기 전에 먼저 무한대가 무엇인지 자세히 살펴보기로 하자.

끝이 없는 수

사람들에게 무한대가 무엇이냐고 물으면 대부분 1이나 0으로 시작해서 1,000,000을 지나 구골과 구골플렉스를 넘어 계속해서 커지는 수라고 답할 것이다. 무한대를 만드는 방법에도 한이 없어서 1을 계속 더해 나갈 수도 있고, 1을 9로 바꿀 수도 있으며, 자기 자신을 반복해서 곱할 수도 있다.

그러나 무한히 계속되는 수(무한수)라고 해서 꼭 0에서 시작해 커지는 숫자만 있는 것은 아니다. 0에서 시작해 작아지는 무한한 음수도 있다.

무한수는 정수에만 있는 것이 아니라 분수(구골분의 1 등)와 소수 (0.1, 0.11 등)에도 있다. 0.1111…과 같이 무한히 이어지는 소수도 있고 0.121111…과 같이 무한히 이어지는 소수도 있다. 이처럼 0과 1 사이만 보더라도 무한수는 무수히 많다. 1과 2 사이, 0과 −1 사이에도 무한한 수가 그만큼 존재한다. 당연히 무한수는 무한하게 존재할 수밖에 없다.

무한대는 얼마나 클까

호기심 많은 아이들은 "무한대가 얼마나 크냐"라는 질문을 곧잘 할 것이다. 그런데 무한수가 무한히 많이 존재한다는 걸 알고 나면 이 질문에 답하기가 그리 쉽지만은 않다. 상식적으로 생각하면 무한한 짝수의 개수는 무한한 정수의 절반일 것이며, 무한한 홀수의 개수와 같을 것이다. 하지만 이 수들은 모두 영원히 계속되므로 그렇게 볼 수가 없다.

수열의 두 숫자 사이에는 무한수가 존재하며, 각각의 무리수는 무한한 자릿수로 이어진다. 그러나 분명 1과 2 사이의 무한수 개수는 음의 무한대와 양의 무한대 사이의 무한수 개수와 같을 수는 없다. 더 크거나 더 작은 무한수가 존재한다는 놀라운 사실은 1874년과 1891년에 독일의 수학자 게오르크 칸토어(Georg Cantor)에 의해 입증되었다.

천에서 무한대로

———

1655년까지 ∞라는 기호는 로마 숫자에서 '수천'을 나타내는 M 대신 사용되었다. 1655년 영국의 수학자 존 월리스(John Wallis)는 자신의 논문에 무한을 나타내는 기호로 ∞를 제시했으며, 훗날 이 기호는 무한대를 나타내는 기호로 채택되었다.

Johannes Wallis, S.T.D.
Geometriæ Professor Savilianus Oxoniæ.

무한수의 시각화: 프랙털

우리는 무한수를 상상할 때 끝없이 계속해서 뻗어 나가는 모습으로 시각화하는 경향이 있다. 그래서인지 어떤 무한수가 어딘가에, 이를테면 0과 1 사이에 속할 수 있다는 생각은 신기하기만 하다. 그런데 0과 1 사이에 있는 무한수를 생각하더라도 여전히 한없이 쭉 뻗어 나가는 숫자가 그려지기는 마찬가지다.

아직도 무슨 말인지 아리송하다면 이해를 도와주는 모형을 분수에서 찾을 수 있다.

프랙털(fractal)은 무한히 반복되는 패턴으로, 시각적인 또는 시각화할 수 있는 무한수다. 프랙털의 전형적인 형태는 '코흐 눈송이(Koch snowflake)'다. 먼저 정삼각형을 하나 그리고 이 삼각형의 각 변을 삼등분하여 가운데 부분을 밑변으로 하는 또 다른 정삼각형들을 그려 보자. 새로 생긴 삼각형들의 밑변을 지우면 육각 별인 '헥사그램(hexagram)'이 된다. 작은 삼각형 각각에 대해서도 같은 과정을 계속 반복해 나간다(97쪽 참조).

삐죽삐죽한 삼각형들을 계속해서 추가할 때마다 도형의 둘레는 3분의 1씩 증가한다(매회마다 한 변에서 3분의 1씩 지워지고 같은 길이가 두 번 추가된다. 즉, 새로 생긴 삼각형의 한 변이 제거된 부분을 상쇄하고, 나머지 한 변 즉 원래 삼각형 한 변의 3분의 1 길이만큼이 둘레에 추가된다). 더해지는 부분은 점점 작아지지만 어쨌거나 조금씩이라도 계속해서 추가되기 때문에 둘레가 점점 커지게 된다.

최초 삼각형의 한 변의 길이가 s이고 작은 삼각형들을 추가하는 행위의 반복 횟수가 n이라면, 도형의 전체 둘레(P)는 다음과 같이 표현할 수 있다.

$$P = 3s \times \left(\frac{4}{3}\right)^n$$

n이 증가할수록 둘레의 길이는 무한을 향해 나아간다($\frac{4}{3}$가 1보다 크기 때문에 $\left(\frac{4}{3}\right)^n$ 값이 계속해서 증가한다).

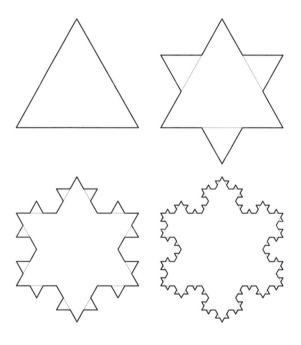

새로 생긴 삼각형 하나의 넓이는 이전 삼각형의 9분의 1이다. 즉 맨 처음 삼각형의 넓이가 9제곱센티미터였다면 새로 돌출된 부분은 각기 9÷9＝1제곱센티미터의 넓이를 갖게 되고 새로 돌출된 부위가 3개이므

로 전체 별의 넓이는 9＋3＝12제곱센티미터가 된다. 다음으로 처음 생기는 눈송이 모양에서 새로운 삼각형 각각의 넓이는 $1 \div 9 = \frac{1}{9}$제곱센티미터이고, 그런 것이 12개이므로 전체 눈송이의 넓이는 다음과 같다.

$$12 + \left(12 \times \frac{1}{9}\right) = 12 + 1\frac{3}{9} = 13\frac{1}{3}$$

현실 속의 프랙털

프랙털에는 다양한 모양이 있으며, 그중 가장 유명하고 널리 알려진 것이 만델브로 집합(Mandelbrot set)이다.

프랙털 또는 유사 프랙털은 자연계에서도 흔히 찾아볼 수 있는데, 주로

만델브로 집합을 컴퓨터 그래픽으로 표현한 이 이미지는 프랙털 도형의 경계가 얼마나 정교하고 복잡한지를 잘 보여 주며, 수학적 아름다움의 극치를 나타내는 사례로 손꼽힌다.

한정된 부피에서 최대의 표면적을 가지는 것이 유리한 경우에 나타난다. 그러한 예로는 혈관, 나무뿌리, 포도송이 모양의 허파꽈리, 강의 삼각주, 산 등이 있으며, 번개도 프랙털 구조로 뻗어 나간다.

유한한 무한대

이런 패턴들은 이론적으로는 무한히 반복될 수 있지만, 자연계에서는 그렇게 나타나지 않는다. 어느 시점에 이르면 더는 작아질 수 없을 만큼 한계에 다다라 패턴을 반복하기가 불가능해지기 때문이다. 이런 패턴들은 무한히 확장 가능한 과정이나 연쇄를 묘사하지만, 우리가 아는 한 실제로 무한한 것은 없다. 그런데도 무한수와 무한소(infinitesimal, 0에 한없이 가까운 어떠한 양의 실수보다 작은 수)는 수학에서 유용한 개념이 될 수 있다. 무한소에 관해서는 26장에서 다시 살펴볼 것이다.

수학의 발견 수학의 발명

09

통계는 순 엉터리에
사기일까

통계는 신뢰할 수 있어야 한다. 하지만 통계의 제시 방식에는 조작이 종종 더해진다.

각종 미디어마다 다양한 통계가 넘쳐난다. 그리고 통계의 상당수는 대중이 특정 관점을 받아들이도록 설득하려는 의도로 작성된다. 통계가 실제로 의미하는 것뿐만 아니라 수치에 어떻게 반응해야 할지를 이해하면 통계에 농락당하는 위험을 피할 수 있다. 통계에는 수학만큼이나 심리학이 깊숙하게 개입되어 있다.

통계를 바라보는 방식

같은 수치를 놓고도 표현하는 방식은 다양하며, 그에 따라 사람들에게서 다양한 반응을 끌어낼 수 있다. 언론인이나 광고주, 정치인들은 수치를 제시하는 방법을 달리하여 사람들이 특정한 해석을 하도록 유도할 수 있다.

다음은 모두 같은 뜻이다.

- 다섯 중 하나
- 0.2의 확률
- 20퍼센트의 가능성
- 열에 둘
- 5대 1의 확률

- 50 중 10
- 100마다 20
- 100만 중의 20만

그럼에도 우리는 표현에 따라 달리 반응하는 경향이 있다. '100만 중의 20만'이라는 마지막 항목은 처음 제시되는 숫자가 크기 때문에 더 인상 깊게 느껴진다. 마찬가지로 '100마다 20'이 '열에 둘'보다 더 인상적이다. 이는 '비율 편향(ratio bias)'이라 불리는 것으로, 충분한 증거에 의해 입증된 현상이다. 사람들은 이런 편향에 사로잡혀 이길 확률이 더 낮은 것을 선택하기도 한다.

다음 실험은 비율 편향이 어떤 결과를 초래하는지 잘 보여 준다. 먼저 실험 대상자들에게 다음과 같이 유리구슬이 들어 있는 그릇을 보여 준다.

- 그릇에 10개의 구슬이 담겨 있으며, 그중 9개는 흰색이고 1개는 빨간색이다.
- 그릇에 100개의 구슬이 담겨 있으며, 그중 92개는 흰색이고 8개는 빨간색이다.

실험 대상자들은 이제 눈을 가린 상태로 빨간 구슬을 집어야 한다는 지시를 받는다. 빨간 구슬을 집을 확률을 높이려면 실험 대상자들은 어떤 그릇을 선택해야 할까?

이 실험에서 실험 대상자의 53퍼센트가 100개의 구슬이 든 그릇을 택했다.

하지만 그것은 잘못된 선택이었다. 첫 번째 그릇에서 빨간 구슬을 집을 확률은 10퍼센트(10개 중 1개, 즉 100개 중 10개)이지만 두 번째 그릇에서 빨간 구슬을 집을 확률은 8퍼센트(100개 중 8개)에 불과하기 때문이다.

두 번째 그릇에 빨간 구슬이 더 많다는 사실이 빨간 구슬을 집을 가능성이 더 높은 것처럼 느껴지게 했고, 여기에 일부 사람들이 현혹되었다. 그들은 흰 구슬을 집을 가능성도 그만큼 더 높아진다는 사실은 깡그리 무시했다. 100개의 구슬이 든 그릇에서 빨간 구슬을 집을 가능성은 다른 그릇에서 빨간 구슬을 집을 가능성보다 낮지만, 실험 대상자 중 무려 절반이나 빨간 구슬을 집을 확률을 극대화하기 위해서 어떤 선택을 해야 하는지 이해하지 못했다.

큰 숫자가 강력하게 작용한다

사람들은 큰 수를 작은 수보다 더 중대하게 여긴다.

암을 건강상의 위험으로 보는 정도를 등급으로 매겨 달라는 요청에 사람들의 반응은 두 그룹으로 갈렸다. 해마다 36,500명이 암으로 사망한다는 말을 들은 사람들이, 매일 100명이 암으로 사망한다는 말을 들은 사람들보다 암을 더 심각한 위험으로 판단했다.

또 다른 연구의 피험자들은 10,000명 중 1,286명이 암으로 죽는다는 말을 들었을 때, 100명 중 24명이 죽는다는 말을 들었을 때보다 더 놀라워했다. 100명의 사망 확률이 10,000명의 사망 확률의 거의 두 배나 되는데도 말이다.

이러한 편견 때문에 사람들은 위험한 선택에 유도당할 수 있다. 사망 위험이 있는 치료 방법을 택할지 말지를 묻는 말에도 사람들은 수치가 어떻게 제시되느냐에 따라 다른 대답을 했다.

실험에서 사람들은 과거 환자들의 사망자 수가 100명당 비율로 제시되었을 때, 1,000명당 비율로 제시되었을 때보다 더 높은 위험을 감수하는 경향을 보였다. 100명당 사망자 수를 제시한 경우 피험자들은 37.1퍼센트까지 사망 위험을 감수했고, 1,000명당 사망자 수를 제시한 경우엔 피험자들이 17.6퍼센트까지만 사망 위험을 감수했다. 큰 수에 압도되어 위험도를 제대로 판단하지 못한 것이다.

분모 무시

여러 분수 중에서 어느 것이 더 큰지를 물으면 사람들은 분자끼리만 비교하고 분모는 무시하는 경향을 보인다. 이 때문에 빨간 구슬을 집으라는 지시에서 사람들이 10분의 1보다 100분의 8의 확률을 더 선호한 것이다. 이처럼 분수에서 실질적인 수의 크기를 제대로 따지기보다 분자 위주로 판단하는 경향을 '분모 무시(denominator neglect)'라고 일컫는다.

장사꾼 기질이 있는 사람이라면 이런 특성을 자신에게 유리하게 이용할 수도 있다. 가령 당신이 모 자선단체를 위한 기금 모금 행사를 계획하면서 어떤 게임의 당첨률을 활용해 사람들의 주머니를 열게 할 계획이라고 해 보자. 당신은 '분모 무시'나 '비율 편향'을 이용해 얼핏 보기엔 당첨될 확률이 더 높아 보이지만 실은 그렇지 않은 게임을 사람들이 많이 하도록 유도할 수 있다. "열에 하나는 당첨된다"라고 말하는 대신 "백에 여덟은 당첨된다"라고 말해서 더 많은 사람을 끌어들이는 것이다.

정치인이나 광고주, 언론인이 통계를 통해 우리의 생각을 조종하는 또 다른 방식은 부각할 부분을 세심하게 선택하는 것이다. 다음과 같이 수치가 포함된 문장들에서 반대편 수치를 부각한 뒤 의미가 어떻게 달라지는지 보자.

- 국민의 30퍼센트가 이번 정부 들어 더 가난해졌다＝국민의 70퍼센트는 이번 정부에서 적어도 지난 정부만큼의 생활 수준을 유지하고 있다.
- 노트북컴퓨터 4대 중 1대는 24개월 이내에 고장 난다＝노트북컴퓨터 4대 중 3대는 24개월 이후에도 문제없이 작동한다.
- 거주자 50명 중 30명이 70세가 넘도록 산다＝거주자의 40퍼센트는 70세 이전에 사망한다.

수치를 제시하는 사람들이 백분율의 양면 중 어느 쪽을 부각하느냐에 따라 우리는 긍정적인 시각을 갖게 될 수도 있고 부정적인 시각을 갖게 될 수도 있다. 그들은 이야기의 이면을 보기 어렵게 만드는 특정한 기법으로 이런 효과를 강화한다. 마지막 예시가 '거주자 50명 중 30명' 대신에 '거주자 중 60퍼센트'로 표현되었다면 우리는 한눈에 '거주자의 40퍼센트는 70세 이전에 죽는다'라는 사실을 알아챌 수 있었을 것이다. 그러나 30은 꽤 커 보이는 수치이고, 일의 진상을 파악하려면 우리는 머릿속으로 계산

(50-30을 한 다음 20을 퍼센트로 환산)을 해야만 한다.

숫자와 통계의 해석

또 다른 속임수는 개별적인 수치만 덜렁 제시하는 것이다. 맥락이 없는 수치는 별 의미가 없다. 어떤 학교에서 학생 20명이 마약 투약으로 형사 처벌을 당했다는 글을 보면 상황이 꽤 심각해 보일 것이다. 그러나 전교 생이 2,000명인 경우보다 800명인 경우가 상황이 더 심각하다. 전교생이 2,000명인 학교에서 학생 20명이 마약을 투약한다면 이는 99퍼센트의 학 생은 마약을 하지 않는다는 뜻이 된다.

언론 보도에서 어떤 일이 일어날 확률이 매우 희박함을 나타내고자 할 때 흔히 쓰는 표현이 '…할 확률은 백만 분의 일이다'라는 말이다. 그러나 엄밀히 말해서, 특정한 경우에는 일어날 가능성이 낮지만 사례가 많아질 경우에는 가능성이 그리 낮지 않다. 만약 아프리카코끼리가 알비노(선천 적으로 피부, 모발, 눈 등의 멜라닌 색소가 결핍되거나 결여된 개체)로 태어날 확률이 백만 분의 일이라면 아프리카에 가서 알비노 코끼리를 볼 가능성은 지극 히 낮을 것이다. 그러나 개미가 알비노로 태어날 확률이 백만 분의 일이 라면 개미집 몇 개만 들춰 보면 알비노 개미 한 마리쯤은 쉽게 찾을 수 있 을 것이다.

09 통계는 순 엉터리에 사기일까

2명과 3분의 1

수치들이 서로 다른 방식으로 제시되면 비율을 한눈에 비교하기가 어렵다. 언론 보도에서 종종 이런 방식을 쓰는데, 우리를 혼란에 빠뜨리려는 의도거나 단순히 표현의 다양성을 위해서 그러는 것일 수도 있다. 이런 문제는 서로 다른 출처의 정보를 비교할 때 자주 일어나는데, 그렇다고 하더라도 수치를 그대로 가져다 쓰는 건 직무 유기다. 언론인이라면 응당 그런 수치들을 독자가 한눈에 비교할 수 있도록 수정해야 한다.

예를 들어, '10명 중 2명이 충분한 운동을 통해서 심장질환의 위험을 30퍼센트 줄이고 있으며, 3분의 1의 사람들이 약간의 운동을 통해서 심장질환의 위험을 15퍼센트 줄이고 있다'라는 뉴스 보도는 이해하기가 쉽지 않다. 여기서는 수치들을 세 가지 방식(10명 중 2명, 분수, 퍼센트)으로 생각하도록 요구하고 있는데, 수치들을 모두 퍼센트로 변환하면 정보 파악이 훨씬 쉬워진다. '20퍼센트의 사람들은 충분한 운동으로 심장질환의 위험을 30퍼센트 줄이고 있으며, 33퍼센트의 사람들은 가벼운 운동으로 심장질환의 위험을 15퍼센트 줄이고 있다'라고 말이다. 이렇게 하면 '47퍼센트의 사람들이 운동을 거의 하지 않는다'라는 사실 또한 파악하기 쉬워진다.

10

정말 유의미한 통계인가

모든 정보가 다 의미가 있을까?

통계에는 권위가 실리며, 사람들은 통계에 쉽사리 휘둘린다. 통계는 사실상 무엇도 증명하지 못할 때조차 증명처럼 보인다.

유의미한가, 아닌가

통계 전문가는 조사와 연구, 설문 등으로 얻어진 세부적인 사실이 유의미한지 아닌지 판단할 필요가 있다. 다시 말해 그들이 제시하는 정보가 사람들에게 영향을 끼칠 수 있는 유용한 정보인지, 또 그 결과가 표본 선택 시 우연이나 오류에 의해 얻어진 것은 아닌지를 판별해야 한다. 어떤 학문적 연구의 결과가 임의적이거나 틀릴 확률이 20분의 1 미만이라면 그 발견은 대체로 유의미한 것으로 간주하며, 다음과 같이 표현할 수 있다.

$$p < 0.05$$

여기서 p는 확률(probability)을 뜻한다. 확률 1은 무언가가 절대적으로 확실함을 뜻한다. 예를 들어 이 책을 읽고 있는 사람이 살아 있을 확률은 1이다. 확률 0은 어떤 일이 일어날 가능성이 전혀 없음을 뜻한다. 이를테면 이 책이 물 위에 인쇄되었을 확률은 0이다.

'$p < 0.05$'의 정의는 좀 특이하다. 이는 귀무가설(설정한 가설의 진실성이 극히 적어 처음부터 버릴 것이 예상되는 가설)이 참일 때 현재의 결과가 우연히 발

생할 가능성이 5퍼센트 미만이라는 것이다. 귀무가설은 바꿔 말하면, 어떤 결과가 우연히 일어날 가능성이 5퍼센트 미만이라면 통계는 유효하다는 뜻이 된다. 이런 5퍼센트의 기준은 종종 이상치(outlier, 주된 결과치에서 벗어난 값)를 무시하는 데도 활용된다.

오른쪽 곡선은 결과치들의 정규 분포 양상을 보여 준다(정규분포 곡선에 대해서는 14장에서 자세히 다룰 것이다). 대체로 유효한 것으로 간주하여 이후의 처리에 사용할 수 있는 결과치 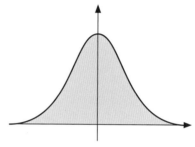 들은 중앙의 95퍼센트에 해당하는 값들이다.

학문적 사실을 재정립하게 될 대단히 중요한 연구에서는 좀 더 정확하고 엄격한 유의성 검정이 요구된다. 가령 힉스 입자(아원자 입자의 한 종류)의 존재를 확인하는 데 요구되는 확률은 약 350만분의 1, 즉 $p < 2.86 \times 10^{-7}$ 으로 설정되어 있다.

어떤 연구에서 '통계적으로 유의미한' 결과가 나오지 않았다고 해서 그것이 반드시 아무런 영향이 없다는 것을 의미하지는 않는다. 표본의 크기와 연구 설계 역시 꼼꼼히 살펴볼 필요가 있다.

소규모 연구에서는 미세한 영향이 포착되지 않을 수 있다. 연구 기간이 지나치게 짧거나 표본의 크기가 너무 작을 때 그럴 수 있다. 약물 실험 등을 할 때는 반드시 이런 면을 고려해야 한다. 예를 들어 피험자가 20명뿐인 연구에서는 전체 인구의 2퍼센트에게만 영향을 미치는 요소가 발현되지 않아 아무런 영향이 없다는 결과가 나올 수도 있고, 반대로 20명 중 1

명에게서 영향이 나타나 5퍼센트 이상의 사람에게 영향이 있다는 결과가 나올 수도 있다.

모든 백조는 하얗다?

먼 옛날 유럽인들은 백조는 전부 하얗다고 생각했다. 검은 백조를 본 적이 없었기 때문이다. 유럽 내 모든 백조가 대상이었던 만큼 표본의 크기는 매우 컸다. 그러나 검은 백조를 한 마리만 보게 되어도 이 이론은 깨질 수밖에 없었다.

오스트리아 출신의 영국 철학자 칼 포퍼(Karl Popper)는 어떤 명제가 과학으로 인정받으려면 관찰을 통한 반증이 가능해야 한다는 '반증주의'를 제창했다. '모든 백조는 하얗다'라는 이론은 (하얗지 않은 백조를 봄으로써) 반증이 가능하므로 하나의 이론으로 제시될 수 있었다. 그러나 당시만 하더라도 입증은 불가능했다. 전 시대를 통틀어 세상의 모든 백조를 다 관찰하지 않고는 이 이론이 옳은지 입증할 수 없었기 때문이다. 또 어떤 것을 보지 못했다는 사실만으로 그것이 실제로 존재하지 않는다고 결론지을 수도 없었다. 이런 이유에서 어떤 명제에 대한 반증 즉, 통계적 사례들에서의 귀무가설은 그 명제를 증명하는 데 대단히 중요한 역할을 한다.

유럽인들은 1697년 호주 대륙에서 검은 백조를 발견하기 전까지 모든 백조는 하얗다고 여겼다.

상관관계와 인과관계

　우리는 종종 특정 행동과 특정 사건을 연관 지어 특정 행동이 특정 사건을 유발한 것처럼 보이게 하는 언론 보도를 접하곤 한다. 가령 '자전거 안전모를 쓴 사람들은 사고가 났을 때 심각한 머리 부상을 입을 가능성이 낮다'라는 내용의 기사가 있다고 하자.

　여기에서 암시하는 것은 자전거 안전모가 사람들을 보호해 준다는 것이며, 이는 매우 그럴듯해 보이는 가정이다. 그러나 두 가지 수치를 제시함으로써 실제로는 관련이 없는 두 현상을 연관되어 보이게 만들 수도 있다. 예를 들어 지난 5년간 신문 구매율과 살인율이 둘 다 하락했다고 해보자. 이 두 가지 현상 사이에는 패턴이 유사하다는 상관관계가 있다. 그런데 이 두 수치를 나란히 제시하게 되면 두 가지 사실이 서로 관련이 있는 것 같은 잘못된 암시를 줄 수 있다. 신문을 구매하는 사람들이 살인 충동에 빠지기라도 한단 말인가? 아마 그렇지는 않을 것이다. 이 둘 사이에는 상관관계는 있지만, 인과관계는 없다. 즉 하나의 사건이 다른 사건을 유발하지는 않는다.

　겨울철에는 썰매 판매량이 증가하고 아이스크림 판매량은 하락한다. 두 사건 사이에 연관성이 있기는 하지만, 직접적인 것은 아니다. 다시 말해, 두 사건 모두 날씨와는 관련이 있지만 서로 간에 직접적인 관련이 있는 것은 아니다. 두 현상 사이의 연관성을 암시하는 듯한 통계표와 도표를 주의할 필요가 있다. 실제로 연관성이 있을 수도 있지만 두 현상 모두와 관련이 있는 '교란변수(confounding variable, 연구 중인 것의 결과에 교란을 일으킬 수 있는 요인으로 작용하는 변수)'라는 다른 요인이 작용한 것일 수도 있기 때문이다. 썰매와 아이스크림의 사례에서는 날씨가 교란변수다. 교란변수도 항상 존재하는 것은 아니며, 때로는 단지 우연의 일치로 비슷한 양상이 나타날 수도 있다.

11

행성의 크기는 얼마나 될까

만일 우리가 다른 행성에 가게 된다면 어떨까? 그 행성이 얼마나 큰지 계산할 수 있을까? 물론 그런 생각부터 들 리는 없겠지만 한번 생각해 보자. 보폭으로 잴 수 없을 만큼 큰 땅의 크기는 어떻게 재야 할까?

지구는 둥글다: 시각적 증거

흔히 알려진 이야기와는 달리 먼 옛날 지구가 평평하다고 생각했던 사람은 극소수에 불과했다. 배가 수평선 너머에서 다가오는 모습만 보아도 우리는 지구가 평평하지 않다는 것을 짐작할 수 있다. 바닷가에 서서 다가오는 배를 보면 가장 먼저 배에서 가장 높은 부분인 돛대가 모습을 드러

아주 높은 곳에서 내려다보는 지구는 둥글다.

내고 이어서 배의 나머지 부분이 서서히 수평선 위로 나타난다. 이런 현상은 지구 표면이 굽어 있어야만 일어날 수 있다. 지구가 평평하다면 멀리 떨어져 있는 물체라도 전체 모습이 다 보이는 상태에서 크기만 작게 보이다가 다가올수록 크기가 점점 더 커져 보일 것이다.

군이 바닷가까지 나가서 확인할 필요도 없다. 낮은 시점에서 볼 때보다 높은 시점에서 바라볼 때 더 멀리까지 볼 수 있다는 사실 역시 지구 표면이 둥글다는 사실을 말해 준다.

평평한 들판에 서 있거나 바다를 향해 해수면 높이에 서 있을 때 우리가 볼 수 있는 지구면 위의 가장 먼 거리는 약 3.2킬로미터다. 우리의 키가 1.8미터라고 가정했을 때의 거리다.

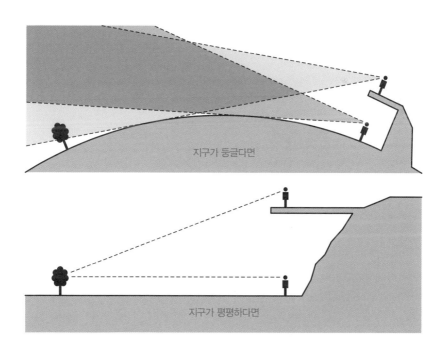

지구가 둥글다면

지구가 평평하다면

더 높은 물체의 상부는 더 멀리 떨어져 있어도 보인다. 언덕 위나 배의 갑판 위에서는 3.2킬로미터보다 더 멀리까지 볼 수 있다.

에라토스테네스의 지구 둘레 측정

사람들은 제대로 된 측정 기술을 보유하기 훨씬 전부터 지구의 크기를 알고자 했다. 지구 둘레를 계산하려고 시도한 최초의 인물은 에라토스테네스였다. 그는 기원전 240년경 이집트의 알렉산드리아에 살면서 지구의 둘레를 계산했다.

에라토스테네스는 이집트 시에네에 있는 우물이 하짓날 정오에는 우물

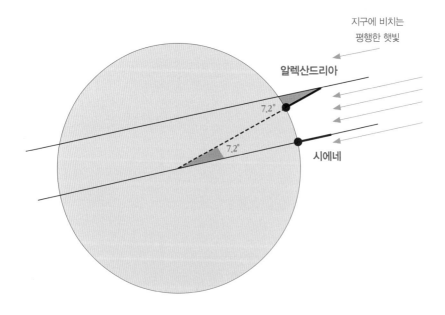

바닥에 그림자가 지지 않는다는 사실을 알고 있었다. 그림자가 지지 않는다는 것은 해가 바로 위에서 우물 속으로 곧장 비친다는 사실을 의미한다. 그는 또 자기가 사는 도시의 우물에서는 하짓날 정오에 항상 그림자가 생긴다는 사실도 알고 있었다(알렉산드리아가 시에네보다 더 북쪽에 있기 때문이다).

에라토스테네스는 시에네 우물에 그림자가 생기지 않을 때 알렉산드리아에 있는 특정 물체의 그림자와 비교하면 지구의 둘레를 잴 수 있으리라 추정했다. 그래서 시에네의 우물에 그림자가 생기지 않는 하짓날 정오에 알렉산드리아에 있는 높은 탑과 탑의 그림자 끝 사이의 각도를 측정했다. 각도는 7.2도였다. 하나의 선이 평행한 두 선을 가로지를 때 생기는 양쪽 내각의 크기는 같다. 햇빛은 아주 먼 곳에서 비치므로 사실상 평행하다고 볼 수 있다.

따라서 지구 중심부에서 시에네와 알렉산드리아까지 그은 두 선 사이의 각도는 탑과 그림자 사이의 각도와 같다는 것을 의미했다. 즉, 다음과 같다.

전체 원 : 측정된 각도＝지구의 둘레 : 시에네와 알렉산드리아 사이의 거리

에라토스테네스는 두 도시 사이의 거리를 알고 있었다. 그는 이 거리를 5,000스타디아(stadia)라고 기록했는데, 안타깝게도 우리는 1스타디온(stadion, 스타디아의 단수형)이 정확히 얼마나 되는지 모르기 때문에 그가 그 거리를 얼마로 알고 있었는지도 알 수 없다.

다행히 원의 각도는 360도라는 것을 알며, 7.2도는 360도의 50분의 1

이다. 이 값으로 구의 둘레를 계산하면 5,000×50＝250,000스타디아라는 값이 나온다.

에라토스테네스가 1스타디온을 얼마로 보았느냐에 따라서 지구 둘레를 1퍼센트 미만의 오차범위로 상당히 정확하게 측정했을 수도 있고, 16퍼센트의 오차범위로 측정했을 수도 있다. 어쨌거나 그의 계산 방식은 꽤 훌륭하다. 그가 측정한 각도와 두 도시 사이의 실제 거리 800킬로미터를 대입해서 계산하면 지구의 둘레는 다음과 같다.

$$50 \times 800 = 40,000$$

실제 지구의 둘레는 40,075킬로미터다.

행성의 크기를 측정하는 또 다른 방법

만약 당신이 순식간에 다른 행성으로 이동하게 된다면 두 가지 방법으로 그 행성의 크기를 측정할 수 있을 것이다. 에라토스테네스의 방법을 이용하려면 정오에 그림자가 드리워지지 않는 지점과 측정할 수 있는 거리 내에서 그림자가 드리워지는 지점을 찾을 필요가 있다. 그다음은 에라토스테네스가 했던 것처럼 그림자의 각도를 측정해야 한다. 물론 각도기가 없어서 각도 측정은 어려울 수 있으니 대안으로 수평선까지의 거리를 재도 된다.

수평선까지의 거리를 재는 방식을 이용하려면 한 물체로부터 그 물체가 수평선 너머로 사라져 보일 때까지 걸은 거리를 측정해야 한다. 서로 다른 높이에서 얼마나 멀리까지 볼 수 있는지를 계산할 수 있는 방정식은 다음과 같다.

$$d^2 = (r+h)^2 - r^2$$

여기서 d는 당신이 볼 수 있는 거리를, r은 지구의 반지름을, h는 바닥에서 눈까지의 높이를 뜻한다(모든 길이는 같은 단위로 표시한다).

이 공식은 직각삼각형에서 빗변의 길이를 제곱한 값은 나머지 두 변의 길이를 각각 제곱하여 더한 값과 같다는 피타고라스의 정리를 활용한 것이다(71쪽 참조). 이 공식으로 r(행성의 반지름)을 구할 수 있다.

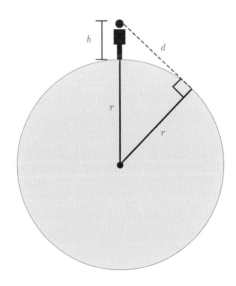

이 식을 전개하면 다음과 같다.

$$d^2 =$$
$$(r+h)^2 - r^2 =$$
$$r^2 + 2hr + h^2 - r^2 =$$
$$2hr + h^2$$

따라서 당신이 10킬로미터 밖의 물체를 볼 수 있고 당신의 눈높이가 1.5미터라면 다음과 같다.

$$10^2 = 2 \times 0.0015r + 0.0015^2$$
$$100 = 0.003r + 0.00000225$$
$$100 - 0.00000225 = 0.003r$$
$$99.99999775 = 0.003r$$
$$33,333.33258 = r$$

이제 둘레, 즉 $2\pi r$을 계산하면 다음과 같다.

$$2 \times \pi \times 33,333.33258 = 209,439.4619$$

행성의 둘레는 약 209,439킬로미터다. 그러므로 이 행성을 걸어서 돌 생각은 하지 않길 바란다.

12

가장 빠른 경로는 직선일까

A 지점에서 B 지점까지의 최단 경로는 하나의 선으로 이루어져 있다. 그런데 그 선이 과연 직선일까? 평면상에서 두 지점 간의 최단 경로가 직선이라는 건 자명한 사실이다. 수학의 미분을 통해 증명이 가능하다.

지도 위의 최단 경로

당신이 A 지점에서 B 지점으로 이동한다고 해 보자. 그 경로는 구불구불할 수도 있다. 특히 지도를 따라간다면 말이다.

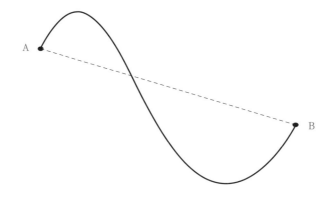

구불구불한 경로를 짧게 만들려면 곡선을 눌러 평평하게 하면 된다. 곡선을 최대한 납작하게 누르면 직선이 된다.

꼭 곡선이 아니어도 똑같이 할 수 있다. 어떤 직선이든 그것을 빗변으로 하는 직각삼각형을 만들 수 있다. 만들 수 있는 직각삼각형의 수는 무한하다.

수학의 발견 수학의 발명

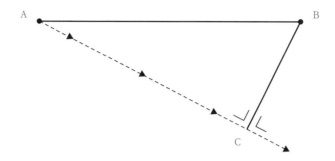

어떤 삼각형을 그리든 AC＋CB는 항상 AB보다 크다. 따라서 직선들로 이루어진 경로에서도 최단 경로를 찾을 수 있다. 그러나 문제는 우리가 살고 있는 세상이 평평하지가 않다는 것이다.

구 위의 선

유클리드는 평면적인 세계에 적합한 기하학의 기초를 수립했다. 유클리드 기하학은 방바닥에 까는 데 필요한 카펫의 길이 등을 계산할 때 유용하고 실용적이다. 그러나 우리는 구에 가까운 형태의 지구에 살고 있으며, 지구상의 직선은 기존의 관념과는 다르다.

유클리드의 다섯 번째 공준(69쪽 참조)은 서로 만나게 되는 두 선의 특징을 제시함으로써 이와 반대로 평행한 두 선은 절대 만나지 않는다는 것을 설명하고 있다. 두 선이 평행할 경우, 두 선을 최단 거리로 가로지르는 또 다른 선은 두 선에 수직이다.

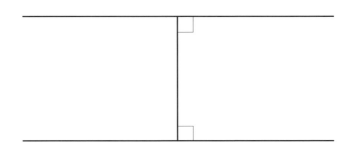

평면상에서는 이 말이 맞다. 하지만 곡면상에서는 그렇지 않다.

곡면에는 두 가지 종류가 있다. 하나는 그릇의 안쪽처럼 오목한 면이고, 다른 하나는 구의 바깥쪽처럼 볼록한 면이다. 여기에서 두 가지 종류의 곡면 기하학이 탄생했다. 쌍곡기하학(hyperbolic geometry)과 타원기하학(elliptical geometry)이다.

평행하지 않은 두 개의 선 사이에 수직의 선을 그릴 수 있다. 쌍곡면에서는 선들이 서로 바깥쪽으로 휘며, 둘 사이의 거리는 점점 멀어진다. 타원면에서는 선들이 서로를 향해 휘어 결국 양쪽에서 만난다.

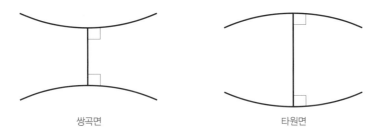

쌍곡면   타원면

수학의 발견 수학의 발명

새의 이동 경로

우리는 두 지점의 가장 짧은 지리적 거리를 '직선 거리'로 생각하는 데 익숙하다. 그 직선을 지도상에 그릴 수 있다.

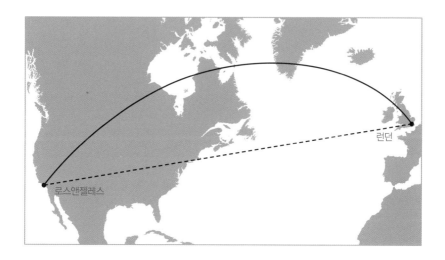

로스앤젤레스에서 런던까지 날아가려는 새는 지도를 보고 두 도시 사이에 직선을 그어 자신의 이동 경로를 계획할지도 모른다. 그러나 이 경로대로 가면 사실상 곡선 경로로 갈 때보다 더 먼 거리를 가게 된다. 지구가 구형이라는 점을 생각하면 이는 너무나도 당연한 일이다.

구에서 두 점을 연결하는 가장 짧은 선은 '측지선(geodesic)'을 따른다. 측지선은 구의 중심을 중심으로 하며 구의 표면을 둘레로 하는 원에 해당하는 선이다. 이는 곧 그 원의 지름이 구의 지름과 같다는 뜻이다. 측지선은 대원(大圓)의 호(弧)이기도 하며, 구 주위에는 무수히 많은 대원을 그릴

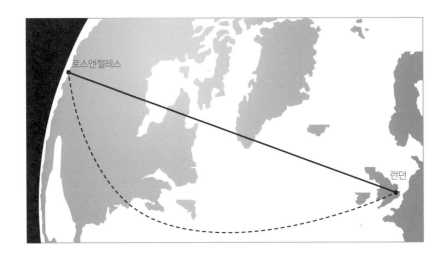

수 있다.

　지구의 경도선은 모두 대원이다. 위도선 중에서는 적도선만 대원이며 그외의 위도선들은 구의 지름보다 작은 지름을 지닌 소원(小圓)이다.

　구 표면에 있는 두 지점 사이의 최단 거리는 두 지점 사이에 그린 대원상에 있다. 소원을 잇는 거리는 (겉보기엔 더 짧아 보일지라도) 언제나 더 길다.

비행지도

　평면 지도상에서 최단 경로로 보이는 선을 구에서 확인해 보면 작은 호로 바뀐다. 새나 비행기가 날아다니는 실제 비행 경로가 지도상에서 곧게 뻗은 경로보다 더 길어 보이는 이유는 지도투영법들이 하나같이 세계의 지리를 왜곡하기 때문이다. 구의 표면을 왜곡 없이 평면에 그리기란 불가능하다. 우리에게 가장 친숙한 세계지도는 다음과 같은 메르카토르 도법 (Mercator projection)을 이용한 지도다.

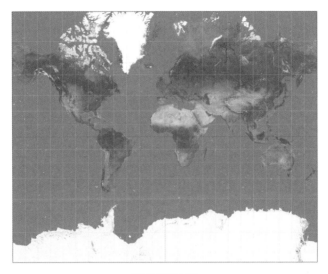

메르카토르 도법

메르카토르 도법에서는 극지방으로 갈수록 왜곡이 심해진다. 그 결과 그린란드는 실제 크기보다 훨씬 커 보이고, 남극 대륙은 나머지 대륙들의 크기를 전부 합친 것과 비슷해 보인다. 사실 남극 대륙은 호주 크기의 두 배가 채 되지 않는다.

다음의 갈 피터스 도법(Gall-Peters projection)에서는 같은 지역의 그림 이 판이하게 나타난다. 여기서는 그린란드가 아주 작고 아프리카가 훨씬 크다. 이 도법은 북미에서 인기가 없었는데, 미국 사람들이 익숙해 있던 것과 달리 북미 대륙이 남미나 아프리카, 호주 대륙에 비해 작아 보이기 때문이다. 이 지도에서는 아프리카가 미국 땅의 세 배 크기로 보인다.

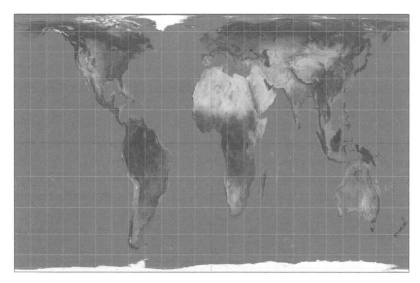

갈 피터스 도법

평면지도에 사용되는 도법들의 왜곡 때문에 대원의 호를 평면상의 선으로 변환하면 곧장 날아가는 경로가 빙 돌아가는 포물선처럼 보이게 된다.

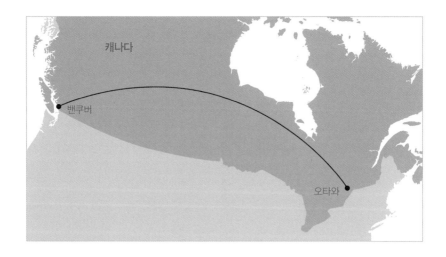

그린란드는 얼마나 클까?

우리에게 친숙한 메르카토르 도법에서는 그린란드가 아프리카만 해 보이고 남극 대륙이 나머지 땅들을 모두 합친 것보다 커 보인다. 그러나 사실 그린란드는 아프리카의 약 14분의 1에 불과하다.

러시아 역시 메르카토르 도법에서는 광대해 보이지만 실제로는 아프리카보다 작다.

경로가 더 짧다고 해서 무조건 더 빠르거나 좋은 것만은 아니다. 비행기가 늘 가장 짧은 대원의 경로로만 다니지 않는 이유는 풍향과 항공교통 상황 역시 경로의 선택에 영향을 미치기 때문이다.

비행과 바람의 관계

———

바람은 거리에 영향을 미치지 않지만, 특정 방향으로의 비행을 더 힘들게 만들 수 있다. 바람의 저항을 받으면 연료가 더 많이 소모되고 시간도 더 오래 걸린다. 지상의 지형 역시 비행 고도에 영향을 미친다. 비행기는 앞으로만 나아가는 것이 아니라 상하로도 이동하며, 전체 운항 거리에는 수직 이동 거리도 포함된다. 산 위로 갈 때는 바다 위로 갈 때보다 고도를 더 높여야 하며 고도를 높이려면 연료가 많이 소모된다. 그래서 경우에 따라 저지대나 바다 위로 멀리 돌아가는 편이 고산지대 위로 질러가는 것보다 더 경제적일 수 있다.

우리는 군더더기 없이 딱 맞아떨어지는 수학의 왕국이 아닌 현실 세계에서 살고 있으며, 현실 세계에서는 언제나 중력, 날씨, 항공교통의 통제는 물론이고 심지어 대공무기를 보유한 지상의 적대 세력에 이르기까지 여러 요인을 고려해야 한다.

복잡한 요소들이 추가된다고 해서 수학의 원리에 문제가 생기는 것은 아니지만 확실히 더 어려워지기는 한다.

스위스의 수학자 요한 베르누이(Johann Bernoulli)가 1696년에 공개 도전 과제로 제시한 브라키스토크론 문제(brachistochrone problem)가 있다. 이 문제는 당시 유명 수학자들의 흥미를 불러일으켰다. 문제는 다음과 같다. 철사에 구슬이 하나 꿰어 있고, 구슬이 중력에 의해 떨어질 때 철사를 어떤 모양으로 구부려야 출발 지점에서 도착 지점까지 구슬이 가장 빨리 떨어질까?

뉴턴, 크리스티안 호이겐스(Christiaan Huygens), 고트프리트 라이프니츠

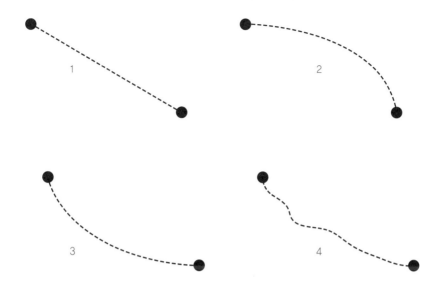

(Gottfried Leibniz)를 비롯한 여러 명석한 수학자들이 이 문제 풀이에 도전했다. 갈릴레오는 오답을 냈다. 처음으로 정답을 제시한 사람은 미적분학의 개발자로서 관련 지식을 보유하고 있던 뉴턴이었다. 뉴턴은 하루만에 문제를 풀어 다음 날 답을 제출했다.

그렇다면 철사가 어떤 모양일 때 구슬이 가장 먼저 도착할까? 정답은 3번이다. 이 가파른 내리막의 곡선은 구슬의 진행 속도를 상승시켜 수평거리를 더 빨리 이동하도록 해 준다. 이 궤도를 따라가는 구슬은 더 짧은 직선형의 철사에서보다 같은 시간에 더 먼 거리를 이동할 수 있다. 이처럼 평면상에서는 직선이 최단 거리일지 몰라도, 현실 세계에서는 가장 빠른 경로가 직선이 아닐 수도 있다.

13

벽지의 기본 패턴은
얼마나 다양할까

벽지 카탈로그를 펼쳐 보면 다양한 패턴이 무궁무진하게 존재하는 것처럼 보인다. 수학자들은 그 많은 패턴을 패턴의 복제 형태에 따라 총 17개의 '벽지군(wallpaper group)'으로 분류했다.

17가지 기본 패턴

사실 수학자들은 벽지 자체에 관심이 있는 게 아니다. 그들의 관심사는 패턴의 대칭성에 있으며, 바로 이 대칭성이 벽지군을 구분하는 기준이 된다. 벽지군을 결정하는 기본적인 패턴이 17가지에 불과하다는 사실은 1891년 러시아의 수학자이자 지질학자이며 결정학자인 예브그라프 페도로프(Evgraf Fedorov)가 증명했다.

균등한 형태의 반복으로 이루어진 패턴들은 하나의 셀(cell)을 기초로 한다. 셀은 반드시 특정한 모양이어야 하는데, 대개는 직사각형(간혹 정사각형)이나 육각형이다.

아이소메트릭 패턴은 벽지 디자인에 자주 활용된다.

대칭성

방 벽지 무늬가 일그러져 있거나 크기가 들쭉날쭉하기를 바라는 사람은 없을 것이다. 그럴 경우 악몽을 꾸게 될지도 모른다. 대신 동일한 무늬가 반복되기만 한다면 그 무늬들이 회전되거나 반사되더라도 크게 달라 보이지 않을 것이다. 수학적으로는 이를 등거리 변환(isometry)이라 한다. 이 경우 한 이미지상에 있는 두 지점 사이의 거리는 이미지가 변환된 뒤에도 동일하게 유지되어야 한다. 예시로 살펴보면 이해하기가 더 쉽다. 여기 해마 이미지가 하나 있다.

다음은 해마 이미지를 변환하는 몇 가지 방법이다.

오른쪽 이동	회전	반사	일그러뜨림	축소

'오른쪽 이동', '회전', '반사'는 대칭 변환으로, 해마 이미지상에 있는 특정한 두 지점 사이의 절대적 거리가 변환 전이나 변환 후나 같다. '일그러뜨림'과 '축소'는 대칭이 아니다. 이미지가 일그러지고 작아져 두 지점 사이의 거리가 달라진다.

이차원 평면에서는 네 가지 대칭 유형이 있다.

- **평행이동** 이미지를 통째로 상하좌우로 이동

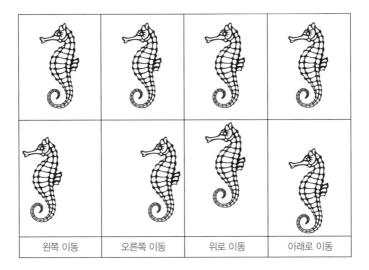

| 왼쪽 이동 | 오른쪽 이동 | 위로 이동 | 아래로 이동 |

- **회전** 이미지를 시계방향 또는 반시계방향으로 회전

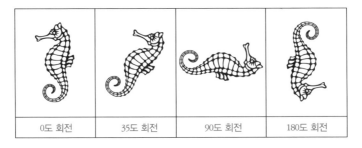

| 0도 회전 | 35도 회전 | 90도 회전 | 180도 회전 |

- **반사** 어떤 방향으로든 거울에 비친 모습으로 반사

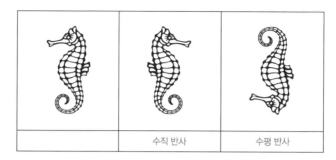

| | 수직 반사 | 수평 반사 |

- **미끄럼 반사** 반사와 평행이동을 결합

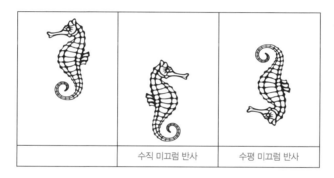

| | 수직 미끄럼 반사 | 수평 미끄럼 반사 |

수학자들은 17개 벽지군에 벽지 카탈로그와는 어울리지 않는 독특한 명칭을 붙였다. 이 명칭들은 어떤 식으로 패턴이 만들어지는지를 설명하는 코드로 이루어져 있다.

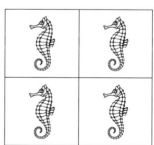

- p1군은 이미지가 한 방향으로 평행이동을 한 가장 단순한 형태다. 셀의 모양은 평행사변형 이면 된다(직사각형 또는 정사각형 포함).

p1군

- p2군은 p1군과 유사하지만 셀을 뒤집어도 이미지가 변하지 않는다.

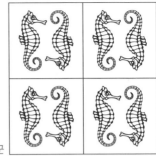

p2군

- pm군은 축을 따라 반사할 수 있다. 이는 곧 이미지가 축을 중심으로 대칭을 이룬다는 뜻이다. 셀의 모양은 직사각형이나 정사각형이어야 한다.

pm군

- pg군은 이미지가 미끄럼 반사된(반사와 이동이 결합한) 형태다.

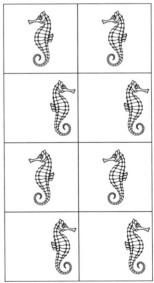

pg군

수학의 발견 수학의 발명

- cm군은 대칭축 반사와 미
  끄럼 반사가 결합한 형태다.
  셀은 변의 길이가 같은 평행
  사변형이어야 한다.

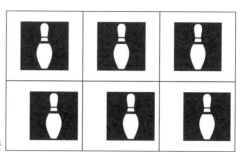

cm군

반사, 회전, 여러 방향으로의 미끄럼이 결합할수록 패턴은 점점 더 복잡해진다. 신기하게도 이 모든 사례를 이집트의 미라 관뚜껑 그림, 아랍의 타일과 모자이크, 아시리아의 청동 세공품, 튀르키예의 도자기, 타히티의 직물, 중국과 페르시아의 자기 등 다양한 고대 미술품에서 찾아볼 수 있다.

p2mg-하와이 직물

p4-이집트 무덤 천장

p4mg-중국 도자기

p3m1-페르시아 채유타일

p31m−중국 채색 도자기

p6mm−아시리아 님루드 청동그릇

벽지에 띠 장식 더하기

벽지군은 두 방향으로 반복된다. 즉 벽을 따라 옆으로 반복되거나 천장부터 바닥까지 위아래로 반복된다. 또 '일차원적 대칭군(frieze group)'이라 알려진 또 다른 패턴 그룹은 한 방향으로만 패턴을 반복하여 벽에 두르는 띠 장식을 만드는 데 사용할 수 있다.

p1군	수평 평행이동	
p1m1군	평행이동, 수직 반사	
p11m군	평행이동, 수평 반사, 미끄럼 반사	
p11g군	평행이동, 미끄럼 반사	
p2군	평행이동, 180도 회전	
p2mg군	평행이동, 180도 회전, 수직 반사, 미끄럼 반사	
p2mm군	평행이동, 180도 회전, 수평 및 수직 반사, 미끄럼 반사	

수학의 발견 수학의 발명

이와 같은 일곱 가지 띠 장식 유형 역시 초기 미술에서, 심지어는 선사 시대 장식에서도 찾아볼 수 있다.

타일

벽지군은 테셀레이션(tessellation, 일정한 형태의 도형을 이용해 평면 공간을 빈틈 없이 메우는 것)이 가능한 모양의 셀들로 이루어져 있다. 이처럼 테셀레이션 은 셀에 그려진 그림이 아닌 셀 형태 자체를 이용해서도 만들 수 있다.

가장 일반적인 테셀레이션 형태 역시 고대 미술에서 찾아볼 수 있다. 가장 단순한 형태의 테셀레이션은 단일한 모양을 반복적으로 사용하는 것이다. 이를 정규 테셀레이션(regular tessellation)이라 한다.

그럼 테셀레이션의 세 가지 기본 유형을 살펴보자.

| 삼각형 | 사각형 | 육각형 |

각 꼭짓점(모서리)에서 만나는 패턴이 동일하다.

테셀레이션은 한 꼭짓점에서 만나는 각 도형의 변의 개수를 나열하여 표현한다. 육각형 패턴의 각 꼭짓점은 세 개의 육각형이 공유하며, 각각의 육각형은 여섯 개의 변을 가지고 있다. 이 패턴의 테셀레이션 기호는 6.6.6이다.

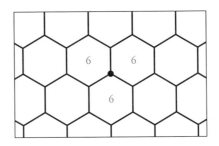

준정규 테셀레이션(semi-regular tessellations)은 두 가지 이상의 도형이 서로 맞물려 테셀레이션을 이루는 형태를 말한다. 준정규 테셀레이션의 유형에는 다음 여덟 가지가 있다.

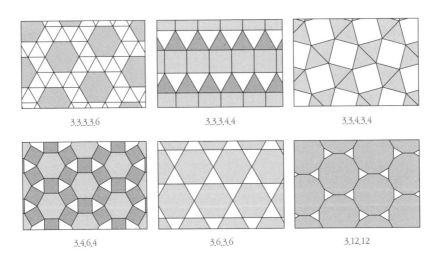

3.3.3.3.6   3.3.3.4.4   3.3.4.3.4

3.4.6.4   3.6.3.6   3.12.12

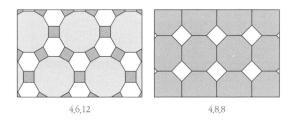

4,6,12   4,8,8

여기서도 꼭짓점마다 패턴은 동일하다. 하지만 회전할 수 있다.

비정규 테셀레이션(irregular tessellation)은 각 꼭짓점이 지니는 패턴이 동일하지 않아서 같은 체계로 표현할 수가 없다. 그러나 여기서도 당연히 전체 공간이 비거나 겹치는 부분 없이 덮여야 한다. 이런 비정규 테셀레이션은 스페인의 알람브라 궁전에서 찾아볼 수 있다.

알람브라 궁전은 테셀레이션을 활용한 대표적인 건축물로 손꼽힌다.

테셀레이션에 능숙한 사람이라면 테셀레이션 패턴을 이용해 욕실 타일을 직접 꾸밀 수 있다.

네덜란드 화가 마우리츠 코르넬리스 에스헤르(Maurits Cornelis Escher)는

13 벽지의 기본 패턴은 얼마나 다양할까

곡선 형태를 자주 활용하여 좀 더 과감하고 예술적인 테셀레이션들을 개
발했다. 치환되고 변형된 형태들로 공간을 메우는 그의 방식은 무척 창의
적이었지만 한편으로는 기괴하기까지 했다.

에스헤르는 테셀레이션을 능숙하게 활용해 〈여덟 개의 머리〉라는 과감한 작품을 만들었다.

수학의 발견 수학의 발명

14

무엇이 정상이고,
무엇이 평균인가

아기의 몸무게는 얼마나 나갈까? 보아뱀의 길이는 얼마나 될까? 사람들은 슈퍼마켓에 얼마나 자주 갈까?

이 질문들에 대한 답은 '저마다 다르다'이다. 그러나 아기마다, 보아뱀마다, 사람마다 몸무게와 길이와 슈퍼마켓 가는 횟수는 다를지라도 각각의 사례가 속하리라 예상되는 범주는 존재한다.

예를 들어 아기의 몸무게가 3나노그램이나 5톤이 나갈 리는 없을 테고, 보아뱀의 길이가 40킬로미터가 되지는 않을 것이다. 또한 사람들이 1분에 한 번씩 또는 천 년에 한 번씩 슈퍼마켓에 가지는 않을 것이다.

평균적인 아기

아기가 태어나기 전에 부모는 다른 아기들에 관한 사전 지식을 바탕으로 태어날 아기의 몸무게가 어느 정도일지 예상한다. 그리고 아기가 태어난 뒤 아기의 몸무게가 정확히 측정되면 다른 아기들의 몸무게와 비교한다.

신생아의 평균 체중에 대한 사전 지식은 부모들에게는 아기 옷을 어떤 사이즈로 사야 하는지 도움을 주고, 병원 의료진에게는 아기의 건강 상태를 판

아기	체중(kg)
1	2.3
2	2.3
3	2.9
4	3.0
5	3.2
6	3.3
7	3.4
8	3.5
9	3.7
10	3.8

수학의 발견 수학의 발명

단하는 데 도움을 준다. 평균에 대한 지식은 특히 병원 의료진이 '이 아기는 평균과는 거리가 멀어 걱정해야 할 상황인가?'와 같은 질문에 대한 답을 얻는 데 유용하다.

앞의 표는 일부 신생아들의 체중을 기록한 것이다. 무게순으로 나열되어 있기는 하지만 눈으로만 데이터를 처리하기는 힘들다. 평균을 내면 아기들의 체중을 파악하기가 한결 수월해진다.

'대푯값'에는 세 가지 유형이 있다.

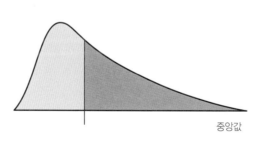

- **평균**(mean) 모든 자룻값의 합을 자룻값의 개수로 나누어서 나온 값이다.

  $2.3 + 2.3 + 2.9 + 3.0 + 3.2 + 3.3 + 3.4 + 3.5 + 3.7 + 3.8 = 31.4$

  31.4를 10으로 나누면 3.14이며, 평균은 3.14킬로그램이 된다.

- **중앙값**(median) 전체 자룻값의 중간에 위치한 값이다. 이는 곧 자룻값의 절반은 중앙값의 위쪽에, 절반은 중앙값의 아래쪽에 위치하게 됨

을 뜻한다. 자룟값들을 표와 같이 작은 값부터 크기순으로 나열하여 그중 정가운데 값을 취하면 된다. 자룟값의 개수가 짝수이면 가운데에 두 개의 값이 존재하는데, 이때는 이 두 값의 평균이 중앙값이 된다. 따라서 여기에서 중앙값은 3.2킬로그램과 3.3킬로그램의 평균인 3.25킬로그램이 된다.

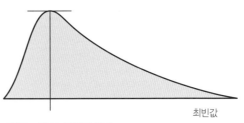

최빈값

- **최빈값**(mode) 가장 자주 나타나는 값이다. 2.3킬로그램인 아기가 두 명이고 다른 몸무게의 아기들은 전부 한 명씩밖에 없으므로, 여기서는 2.3킬로그램이 최빈값이다.

앞서 소개한 아기들의 체중표처럼 작은 데이터 집합에서는 최빈값에 오해의 소지가 생길 수 있다. 이 자룟값 중에서 최빈값을 구하면 신생아의 몸무게가 2.3킬로그램이 나갈 가능성이 높다는 예상이 나오지만, 실제로 이 값은 대다수 신생아의 몸무게에 비해 대단히 낮은 수준이다.

모든 통계가 그렇듯 데이터 집합이 클수록 그 분석에 대한 신뢰도가 높아진다. 이처럼 작은 데이터 집합에서는 각 자룟값이 한 번씩만 나타나서 최빈값이 아예 존재하지 않는 경우도 있으므로, 최빈값보다 중앙값과 평균이 보다 신뢰할 만하고 유용하다.

정규분포

방대한 양의 데이터는 다음과 같은 종 모양의 곡선으로 더 쉽게 파악할 수 있다. 곡선 양 끝에 분포하는 지나치게 작거나 지나치게 큰 아기들은 극소수이고 곡선의 중간 부분에 대다수의 아이들이 분포하고 있다.

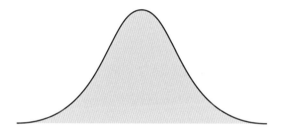

표준편차

곡선에서 어느 부분을 '정상'이라고 할 수 있을까? 분명 정중앙에 속하는 값만은 아닐 것이다. 진정으로 유용하려면 곡선에 더 많은 정보가 담겨야 한다. 가장 유용한 정보는 표준편차로, 그리스 문자 시그마(σ)로 나타낸다. 표준편차는 자료들이 평균으로부터 얼마나 퍼져 있는지를 나타내는 척도다. 공식은 복잡해 보이지만 실제로 사용하기는 어렵지 않다.

$$\sigma = \sqrt{\frac{1}{N}\sum_{i=1}^{N}(x_i - \mu)^2}$$

14 무엇이 정상이고, 무엇이 평균인가

괄호 안부터 시작해 다음 순서로 계산하면 된다.

- 각 값에서 평균을 뺀다: $x_i - \mu$
- 각각의 차를 제곱한다: $(x_i - \mu)^2$

이제 다음과 같이 계산한다.

- 제곱한 값들을 합산한다: $\sum (x_i - \mu)^2$
- 자룻값의 개수로 나눈다. 이 결괏값을 분산이라 한다: $\dfrac{1}{N} \sum (x_i - \mu)^2$
- 분산의 제곱근을 구한다. 이것이 표준편차다.

제곱을 했다가 마지막에 다시 제곱근을 구하는 이유는 제곱을 하지 않을 경우 음수값들(자룻값이 평균보다 낮은 경우)이 양수값들을 상쇄하기 때문이다. 아기들의 체중표에서 표준편차는 0.5킬로그램이다.

어떤 순서로 계산할까?

———

계산을 여러 단계에 걸쳐서 해야 할 경우, 어떤 순서로 단계를 밟아 나가야 할지 헷갈릴 수가 있다. 다음 순서로 계산하면 된다.

- 괄호 안을 먼저 푼다.
- 차수와 관련된 것, 즉 거듭제곱이나 제곱근을 계산한다.
- 곱셈, 나눗셈을 한다.
- 덧셈, 뺄셈을 한다.

수학의 발견 수학의 발명

표본이냐, 모집단이냐

우리는 이 아기들이 조사 대상자 전체, 즉 모집단이라고 가정했다. 그러나 이 표본으로 신생아들의 전반적인 체중을 알고자 한다면 표준편차 계산법을 약간 수정해야 한다. N으로 나누는 대신 $N-1$로 나누는 것이다. 이렇게 하면 표준편차가 더 커지게 되며, 우리 표본으로 계산하면 0.52킬로그램이라는 값이 나온다.

모집단에 대해 추론하는 데는 이 방식이 적합하다. 전체 모집단에서 가장

아기	체중(kg)
1	2.3
2	2.3
3	2.9
4	3.0
5	3.2
6	3.3
7	3.4
8	3.5
9	3.7
10	3.8

큰 값과 가장 작은 값을 무작위로 선택하지 않는 한, 표본보다 큰 모집단에서 으레 더 심한 변동이 발생할 가능성이 크기 때문이다.

표를 다시 보면 1, 2, 9, 10번 아기들만 평균 3.14킬로그램으로부터 표준편차 1(0.52킬로그램) 범위 바깥에 속한다. 따라서 출산을 앞둔 사람은 자신이 낳을 아기의 몸무게가 대략 2.6킬로그램에서 3.7킬로그램 사이에 속하게 되리라는 합리적인 예측을 할 수 있다.

백분위수

큰 모집단을 대상으로 한 연구를 통해 우리는 더 많은 정보를 얻을 수 있다.

백분위수는 자룟값들을 순서대로 나열했을 때 백분율로 어느 위치에 속하는가를 나타낸다. 50 백분위수는 중앙값과 같으며, 이때 자료의 50퍼센트는 이 값보다 낮고 50퍼센트는 높다. 90 백분위수의 경우, 자료의 90퍼센트는 이 값보다 낮고 10퍼센트는 높다. 2 백분위수의 경우, 자료의 2퍼센트가 이 값보다 낮고 98퍼센트는 높다.

백분위수 도표는 흔히 아동의 기대성장 패턴을 보여 주는 데 사용된다.

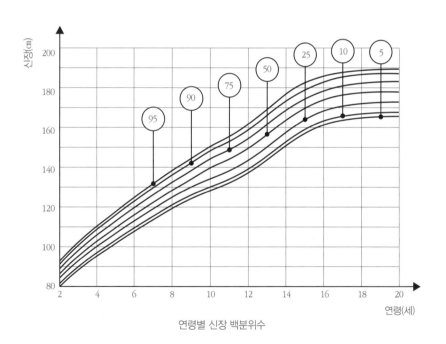

연령별 신장 백분위수

수학의 발견 수학의 발명

이런 도표가 95 백분위수보다 큰 아이나 5 백분위수보다 작은 아이가 완전히 없다고 할 수는 없지만, 일반적으로 그런 아이들이 많지는 않아서 아이들의 90퍼센트는 이 도표의 맨 윗선과 맨 아랫선 사이에 속할 것이다.

이보다 더 크거나 작은 아이들도 관찰될 수 있으며, 그렇다고 해서 그 아이들에게 반드시 어떤 문제가 있는 것은 아니다.

정규분포 곡선

백분위수 개념과 종형 곡선을 결합하면 곡선을 표준편차 1, 2, 3 내에 속하는 구간들로 분할할 수 있다. 대부분의 경우 이렇게 분할하면 다음과 같은 그래프가 나타난다.

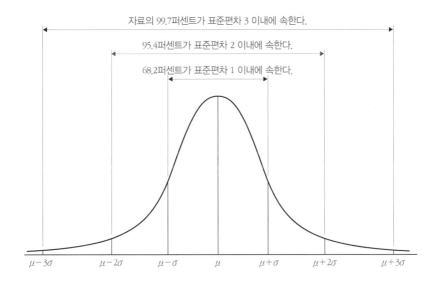

이를 정규분포 곡선이라 한다. 대부분의 경우 표준편차 1 이내에는 자료의 68.2퍼센트, 표준편차 2 이내에는 95.4퍼센트, 표준편차 3 이내에는 99.7퍼센트가 속하는 양상을 보인다. 사람의 신장, 측정 오차, 혈압 수치, 시험 점수 등 많은 데이터 집합들이 이러한 분포를 나타낸다.

평균으로부터 표준편차 2나 3의 경계 바깥으로 벗어나는 것은 일종의 위험 신호가 될 수 있다. 이런 경계들은 반대로 정상 범위를 설정하는 데도 활용할 수 있다. 당신이 시험문제 출제자라고 가정해 보자. 해마다 시험문제가 같은 난이도를 보일지, 매년 동일한 정확도로 채점이 될지는 알 수 없다. 당신이 할 수 있는 일은 그저 정규분포 곡선에 따라 합격점을 정하는 것뿐이다. 만약 모든 학생의 성적을 도표로 만들어 평균 아래로 표준편차 0.5보다 높은 점수를 받은 학생을 모두 합격시키려 한다면 이 경우 표준편차 0.5 범위에 해당하는 평균 미만의 학생 19퍼센트에 평균 이상 범위에 속하는 전체 학생 50퍼센트를 더해 상위 69퍼센트의 학생을 선발할 수 있다.

15

우주의 최소 단위인 끈의
길이는 얼마나 될까

무엇이든 다 셀 수 있는 건 아니다.

셈은 소, 양, 케이크, 냄비 같은 개체들의 수를 헤아리는 데 유용하다. 그러나 모든 물체가 다 낱개로 구분되어 있는 것은 아니다. 시간이나 액체 등은 연속성으로 측정하고, 모래알이나 쌀알 등은 일일이 수를 세는 대신 양으로 측정한다.

길이를 재는 도구, 자

인류 최초의 측정 단위는 보폭, 가운뎃손가락 끝에서 팔꿈치까지의 거리(큐빗, cubit), 엄지손가락의 폭 등 사람의 신체를 바탕으로 한 것이었다. 정밀한 측정이 필요하거나 어마어마하게 큰 물건의 크기를 잴 때가 아니면 이 정도로도 충분하고 굳이 다른 사람들이 개발한 단위를 사용할 필요가 없다. 하지만 거대한 피라미드를 지으려는데 각 변의 길이를 서로 다른 사람의 보폭으로 잰다고 상상해 보라. 심지어 같은 사람도 각 변마다 다른 길이의 보폭으로 걸을 수도 있다. 이런 경우 '표준화'가 절실해진다.

파라오나 건축가 같은 특정한 사람의 팔로 1큐빗을 정하게 되면 그 사람은 길이를 측정하기 위해 늘 돌아다녀야 할 테고, 동시에 여러 곳의 길이를 재는 것도 불가능하다. 이럴 때 자 같은 도구가 아주 유용하다. 이집트 왕실에서 사용한 '로열 큐빗(royal cubit)'은 대개 현대의 자처럼 눈금이 표시된 나무 막대였다. 이 같은 표준화는 5,000년 전부터 이루어지기 시작하여 줄곧 유용하게 활용되어 왔다. 기자의 대피라미드는 440평방큐빗

특이한 단위

전 세계 사람들은 각자의 필요에 따라 서로 다른 측정체계를 개발했다. 그 결과 다음과 같은 아주 희한한 측정 단위가 만들어지기도 했다.

- 마신(horse length) – 경마에서 사용하는 거리 단위로, 약 8피트(2.4미터)다.
- 소의 풀(cow's grass) – 소를 방목할 때 소 한 마리가 먹기에 충분한 풀을 생산할 수 있는 땅의 면적을 뜻한다.
- 모르겐(morgen) – 사람이나 소가 오전 중에 경작할 수 있는 만큼의 땅의 면적을 뜻한다. 2007년 남아프리카 법률학회에서 0.856532헥타르(8,565.32제곱미터)로 정의했다.
- 목성질량(Jupiter mass, MJ) – 태양계 외행성들의 질량을 보고하기 위해 사용한 단위로, 약 1.898×10^{27}킬로그램이다.

길이의 기단 위에 지어졌으며, 오차는 한 변의 길이 230.5미터 중 115밀리미터, 즉 0.05퍼센트에 불과하다.

국제단위계

국제단위계(Système International d'Units, SI)의 근간을 이루는 미터법과 10진법 체계는 1799년 프랑스에서 시작되었다. 현재는 전 세계 대부분의 지역에서 국제단위계를 사용하고 있다.

1960년 제11회 국제도량형총회(General Conference on Weights and Measures)가 채용한 SI 기본단위에는 다음 일곱 가지가 있다.

새로운 단위의 제안

———

2001년에 미국의 물리학도인 오스틴 센덱(Austin Sendek)은 SI 단위의 1옥틸리온(10^{27})을 나타내는 새로운 명칭으로 '헬라(hella)'를 제안했다. '헬라'라는 단어는 미국 캘리포니아 북부에서 자주 사용하는 속어로, '매우', '엄청나게'라는 의미로 쓰인다. 단위협의위원회(The Consultative Committee for Units, CCU)는 심사 후 이 제안을 받아들이지 않았지만 구글(Google) 계산기 등 일부 웹사이트에서는 이 단위를 채택하여 사용하고 있다.

- **암페어**(ampere, A) 전류의 측정 단위

- **킬로그램**(kilogram, kg) 질량의 측정 단위

- **미터**(meter, m) 길이의 측정 단위

- **초**(second, s) 시간의 측정 단위

- **켈빈**(kelvin, K) 열역학적 온도의 측정 단위. 1켈빈은 섭씨 1도와 같지만, 시작점은 섭씨 영하 273.15도에 해당하는 절대 영도다.

- **칸델라**(candela, cd) 광도(光度)의 측정 단위

- **몰**(mole, mol) 물질의 양을 나타내는 단위. 1몰의 물질에는 아보가드로 상수(Avogadro constant)인 $6.02214076 \times 10^{23}$개의 입자가 포함되어 있다.

기본단위로 정의된 SI 단위는 이 밖에도 많다. 일부 친숙한 단위 중 시간, 리터, 톤 등은 SI 단위가 아니다.

SI 단위와 함께 사용되는 공식 승인 단위로 다음 24가지가 있다.

10^n	명칭	기호	10^n	명칭	기호
10^{30}	퀘타(quetta)	Q	10^{-1}	데시(deci)	d
10^{27}	론나(ronna)	R	10^{-2}	센티(centi)	c
10^{24}	요타(yotta)	Y	10^{-3}	밀리(milli)	m
10^{21}	제타(zetta)	Z	10^{-6}	마이크로(micro)	μ
10^{18}	엑사(exa)	E	10^{-9}	나노(nano)	n
10^{15}	페타(peta)	P	10^{-12}	피코(pico)	p
10^{12}	테라(tera)	T	10^{-15}	펨토(femto)	f
10^{9}	기가(giga)	G	10^{-18}	아토(atto)	a
10^{6}	메가(mega)	M	10^{-21}	젭토(zepto)	z
10^{3}	킬로(kilo)	k	10^{-24}	욕토(yocto)	y
10^{2}	헥토(hecto)	h	10^{-27}	론토(ronto)	r
10^{1}	데카(deka)	da	10^{-30}	퀙토(quecto)	q

표준이란 얼마나 표준적인가

측정 도구에는 정의된 표준에 따라 눈금이 매겨져야 하며 절대불변해야 한다. 간단하게 보이지만 그리 간단한 일만은 아니다. 나무로 된 자는 나무가 마르면서 수축하고 뒤틀릴 수 있다. 심지어 쇠막대도 열을 받으면 팽창하고 냉각되면 수축한다.

오늘날 인간이 만든 물리적 표준을 바탕으로 한 것은 킬로그램이 유일하다. 다른 SI 단위들은 우주 불변의 속성을 바탕으로 한다. 예를 들어 1초는 '세슘-133 원자의 바닥상태(ground state)에 있는 두 초미세 준위 사이의 전이에 대응하는 복사선(radiation)의 9,192,631,770주기의 지속 시간'이다.

길이 단위

일반 사람들이 가장 많이 사용하는 측정 단위는 아마도 길이나 거리를 재는 단위일 것이다. 대부분의 사람이 주로 사용하는 단위는 밀리미터, 센티미터, 미터, 킬로미터다. 그러나 이 단위들은 전체 단위 중 극히 일부에 불과하다.

미터의 정의

미터는 1791년에 지구 적도에서 북극까지의 거리의 1,000만분의 1로 대략 정의되었고, 이후 자오선 측정을 통해 이를 확정했다. 초기 미터 막대는 약 0.5밀리미터 이내의 오차가 있었다. 이후 1미터의 기준이 되는 '미터원기'가 백금 막대로 제작되어 프랑스 파리에 보관되었으며, 이 막대의 오차는 약 100분의 1밀리미터 이내였다. 이 기준은 1960년에 비물리적 표준으로 전환되었으며, 현재는 1미터를 '진공상태에서 빛이 299,792,458분의 1초 동안 나아가는 거리'로 정의하고 있다. 간단하게 '3억분의 1초 동안 빛이 나아가는 거리'로 정의하는 게 나을지도 모르겠지만, 기존의 정의가 꽤 오래 사용되어 온 터라 이제 와 바꾸기는 어려울 것이다.

만약 어떤 끈의 길이가 몇 센티미터나 몇 미터라면 재는 데 아무런 문제가 없다. 심지어 몇 킬로미터여도 잴 수는 있다. 그러나 지구에서 해왕성까지 닿는 끈이라면 SI 단위가 아닌 천문단위(astronomical unit, AU)로 재는

미터와는 비교 불가

1868년, 스웨덴의 물리학자 안데르스 옹스트룀(Anders Ångström)이 '옹스트롬(Å)'이라는 단위를 처음 사용했을 당시, 1미터의 표준은 프랑스 파리에 보관된 백금 막대로 정해져 있었다.

옹스트롬은 원자 간의 거리와 같은 매우 짧은 길이를 측정할 수 있는 단위이며, 이 경우에는 금속 막대를 표준으로 삼기가 어렵다. 막대 끝에 원자들이 몇 개 더 붙어 있다면 어쩌겠는가? 초창기에 1옹스트롬이 약 6,000분의 1의 오차를 보이자 옹스트룀은 자신의 금속 막대를 파리에 있는 표준과 비교했다. 그 결과 역시 정확하지 않았다. 계산법을 수정해 봐도 처음보다 나아지지 않았다. 1907년에 이르러 1옹스트롬은 '공기 중의 카드뮴 적색선 파장의 6438.46963분의 1'로 다시 정의되었다.

편이 나을 것이다. 1AU는 지구 중심에서 태양 중심까지의 평균 거리인 149,597,870,700미터다.

태양계 바깥을 측정하는 단위들은 이보다도 훨씬 더 커진다. 이때 천문학자들은 지구에서는 무용지물일 단위들을 사용한다.

1광년(light year)은 빛이 1년 동안 이동하는 거리로, 그 거리는 무려 9조 4,600억 킬로미터에 이른다. 태양계에서는 광년 단위로 측정할 일이 많지 않다. 그보다는 광분(light minute)과 광시(light hour)가 더 많이 쓰인다. 지구는 태양에서 499광초(light second) 거리에 있으며, 이는 빛이 태양에서 지구까지 도달하는 데 499초, 즉 8분 19초가 걸린다. 태양이 지금 막 폭발한다면 우리가 그 사실을 알기까지 8분이 넘는 시간이 걸린다는 걸 뜻한다. 해왕성은 30AU, 즉 태양으로부터 4.1광시 거리에 있다.

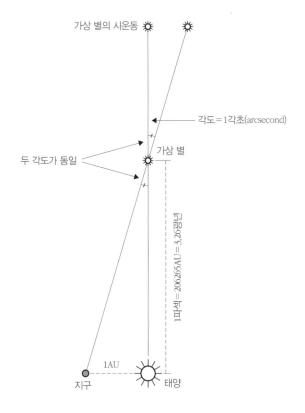

가상 별의 시운동

각도＝1각초(arcsecond)

두 각도가 동일

가상 별

1파섹＝206,265AU＝3.26광년

1AU

지구   태양

 천문학자들은 광년이라는 단위를 썩 좋아하지 않는다. 그리 과학적으로 보이는 단위가 아니기 때문이다. 그들이 보다 즐겨 사용하는 단위는 파섹이다. 1파섹은 약 3.26광년, 즉 206,265AU다.

 킬로AU나 킬로광년 단위는 사용할 일이 없지만, 킬로파섹(kiloparsec, kpc)이나 메가파섹(megaparsec, Mpc) 단위는 자주 사용된다. 1메가파섹은 100만 파섹 즉 지구에서 태양까지 거리의 약 2,000억 배이며, 기가파섹은 10억 파섹이다. 관측 가능한 우주의 지름은 약 28기가파섹으로 추산되며,

수학의 발견 수학의 발명

기가파섹보다 더 큰 측정 단위는 필요 없을 듯하다. 기가파섹 단위로 재야 할 만큼 긴 끈은 없을 테니까.

아주 짧은 길이

아주 짧은 끈이 있다면 그것은 옹스트롬 단위로 측정해야 할 것이다. 1옹스트롬은 10^{-10}미터, 즉 100억분의 1미터다. 참고로 다이아몬드 속의 두 탄소 원자 중심 간의 거리는 약 1.5옹스트롬이다.

원자의 내부는 대부분 빈 공간이다. 탄소 원자 하나의 길이는 1.5옹스트롬이지만, 원자핵의 양성자와 중성자의 크기는 약 1.6×10^{-15}미터, 즉 1.6펨토미터다. 나머지 공간에는 전자들이 다소 무작위적으로 돌아다닌다. 전자는 명확한 공간 범위가 없어서 특정한 공간을 차지하는 것은 아니며, 대략 전자 하나의 길이는 2×10^{-15}미터에서 10^{-16}미터 사이로 추산된다. 만약 펨토미터 단위로 눈금이 새겨진 자가 있다면 원자핵과 전자의 크기를 잴 수 있을 것이다.

여기까지는 좋다. 그런데 젭토미터(1아토미터의 1,000분의 1) 단위로 눈금이 표시된 1아토미터짜리 자, 즉 1펨토미터의 1,000분의 1 길이밖에 안되는 자가 있다면 어떨까? 그 자로는 무엇을 잴 수 있을까? 쿼크(quark, 아원자의 기본 입자)를 측정할 수도 있겠지만, 쿼크 중 톱쿼크(top quark)는 1젭토미터(10^{-21}미터)보다 작아서 이때는 새로운 자, 어쩌면 욕토미터 단위로 눈금이 표시된 1젭토미터짜리 자가 필요할 것이다(만약 펨토미터가 1킬로미터라면 욕토미터는 100만분의 1밀리미터가 된다. 그런데 사실 펨토미터는 원자핵보다 작은 단위다).

지금은 중성미자(neutrino, 아원자 입자의 한 종류)를 측정할 수 있으며, 중성미자의 길이는 1욕토미터(10^{-24}미터)에 불과하다. 이 입자 역시 실질적으로 차지하는 공간은 얼마 되지 않으며, 여기서의 길이란 입자의 힘이 미치는 공간의 지름을 말한다(허리케인의 경우도 마찬가지다. 허리케인은 물리적 실체가 없지만 우리는 허리케인이 작용하는 범위를 그 크기로 간주한다). 중성미자는 전자 크기의 10억분의 1에 불과하므로, 중성미자 크기가 사과 한 알 크기라면 전자는 토성의 크기거나 지구의 10배 정도의 크기일 것이다.

가장 작은 눈금

1욕토미터보다 더 작은 입자는 알려진 바가 없다. 그러나 더 작은 측정 단위는 존재한다. '플랑크(planck)'는 존재할 수 있는 최소 길이 단위다. 물론 이론적으로는 더 작은 단위들을 계속해서 만들어 나갈 수 있지만 그런 것들은 실질적으로 쓸모가 없다. 1플랑크(10^{-35}미터)보다 더 작은 크기에는 물리법칙이 적용되지 않으므로 측정 자체가 불가능해진다.

플랑크 단위로 측정할 수 있는 것은 양자거품과 이론물리학 영역의 끈뿐이다(이런 것들이 실제로 존재한다면 말이다). 만약 사과의 지름이 1플랑크라고 할 때, 전자 하나는 천만 광년보다 더 크고 탄소 원자 하나는 측정 가능한 우주보다 더 크다.

수학의 발견 수학의 발명

초끈이론

초끈이론(super-string theory)은 현대물리학 이론 중의 하나로, 모든 물질(모든 아원자 입자 및 이들로 만들어진 모든 것)이 끊임없이 진동하는 아주 작고 가느다란 끈들로 이루어져 있다고 본다. 이 끈은 무척 짧아서 플랑크 단위로 측정해야 한다. 만약 수소 원자 하나를 측정 가능한 우주의 크기에 견줄 때, 이 끈 하나는 나무 한 그루 정도의 길이가 된다. 이런 상황이라면 도대체 '우주의 최소 단위인 끈의 길이는 얼마나 될까?'라고 묻기보다는 '우주의 최소 단위인 끈의 길이는 얼마나 짧을까?'라는 질문이 더 적절할 것이다.

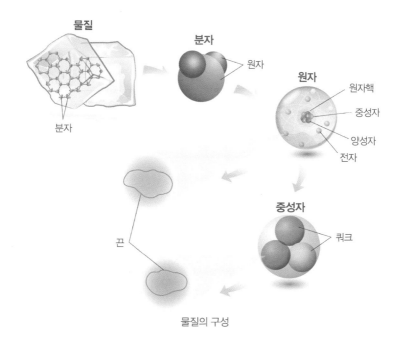

물질의 구성

16

당신이 사용한 단위는
얼마나 적절한가

우리는 고래를 밀리미터 단위로, 원자를 킬로미터 단위로 재지는 않는다. 우리는 무수히 많은 측정 단위 중에서(15장 참조) 측정하려는 대상에 적합한 단위를 선택할 수 있다.

측정 단위가 대상에 비해 지나치게 크다면 어이없는 소수값이 나오거나 부정확한 값이 나올 것이다. 예를 들어 개의 키가 69센티미터라면 이 단위는 적절한 단위다. 개의 키를 0.00069킬로미터로 표시하고 싶은 사람은 없을 테니까.

태평양의 부피는 약 6억 6,000만 세제곱킬로미터다. 그러나 우유의 양을 세제곱킬로미터 단위로 표시하지는 않는다. 그러니 의미 있는 숫자들 앞이나 뒤로 0이 줄줄이 이어진다면 다른 단위를 쓰는 것이 적절하다.

셈과 계산

수 세기는 그리 어렵지 않다. 방 안에 있는 사람이 몇 명인지, 주차장에 주차된 차가 몇 대인지는 쉽게 셀 수 있다. 그러나 아주 큰 수나 유동적인 수 또는 경계가 불분명한 수는 세기가 까다롭다. 해변의 모래알을 세는 일은 세 가지 이유에서 불가능하다. 모래알은 너무 많고, 조수와 해변을 오가는 생물들 때문에 수에 변동이 생기며, 해변의 경계가 어디까지인지가 명확하지 않기 때문이다. 어디서부터 세기 시작하여 어디에서 멈춰야 할까? 얼마만큼의 깊이까지 '해변'으로 간주해야 할까?

이런 경우, 계산이나 추정으로 수를 셀 수 있다. 10층으로 이루어진 주차장에 차들이 빽빽이 들어차 있고 10개의 층이 모두 같은 구조로 되어 있다면, 우리는 한 개 층에 있는 차들을 센 다음 10을 곱하여 주차된 차량의 총 대수를 알 수 있다. 이렇게 구한 답은 꽤 높은 정확도를 보일 것이다. 층마다 80개의 주차 공간이 있고, 주차 공간이 다 찼다면 차량의 총 대수는 800대로 추산할 수 있다. 간혹 차 한두 대가 비뚤게 주차되어 있다면 798대나 799대일 수도 있다.

계산과 추정

병에 든 사탕의 개수는 모두 몇 개일까? 재미 삼아 추측해 보자.

사탕의 개수는 사탕이 모두 같은 크기와 모양이고(구슬 모양이거나 주사위 모양이면 더 좋다), 병의 폭이 아래에서 위까지 일정할 때 가장 세기가 쉽다. 사탕의 총수는 한 개 층에 있는 사탕의 개수에 바닥부터 꼭대기까지 쌓인 사탕 층의 개수를 곱한 값에 가까울 것이다.

둥근 모양의 병에서는 원기둥의 상단부터 바닥까지의 한 열에 속하는 사탕의 개수와 병의 둘레 한 행에 속하는 사탕의 개수를 센다. 그런 다음 아래 공식을

사용하여 계산하면 된다. 이 공식에서 h는 병의 위아래로 쌓인 사탕 층의 수이고, c는 병의 안쪽 둘레 한 행에 속한 사탕의 개수다.

$$\pi \left(\frac{c}{2\pi} \right)^2 h = 사탕의\ 개수$$

사탕의 모양과 크기가 뒤죽박죽이거나 병이 지나치게 작거나 특이한 모양이라면 제대로 추정하기가 어려워진다. 계산 방법은 여러 가지다. 사탕 하나를 기준으로 충전 밀도를 계산하는 방법도 있다. 하지만 사탕 개수 좀 알겠다고 이런 방법까지 동원하기에는 과한 감이 없지 않다. 사탕 개수를 알기 위해 열과 행의 수를 센 뒤 그 평균수를 공식에 대입하여 계산하는 것만으로도 꽤 정확한 추정치를 낼 수 있다.

표본추출

적어도 사탕은 병을 들락날락하거나 병 안에서 돌아다니지도 않고 시야에서 사라지지도 않는다. 그런데 만일 여러 그루의 나무에 있는 까마귀의 수를 세려면 어떻게 해야 할까? 까마귀들은 이쪽저쪽 날아다니고 둥지에 숨기도 하며 그 수도 많다. 최상의 방법은 일정 시간 동안 표본으로 선정한 나무를 관찰하여 거기서 까마귀의 수를 추정한 다음 그 추정치를 나무 수의 추정치로 곱하는 방법일 것이다.

표본추출은 투표 참여자 수를 예측하거나 알코올 소비량 및 통근 거리

등의 수치를 추정하기 위해 설문조사를 할 때 활용하는 방법이다. 통계적으로 신뢰할 만하고 유의미한 결과를 얻기 위해서는 표본에 따른 추정치가 적절한 크기의 대표적인 표본에서 나와야만 한다. 예를 들어 캐나다의 채식주의자 수를 추정하고자 했을 때 요양원에 있는 노인 15명을 표본으로 하거나 대학 캠퍼스에 있는 젊은 여성 100명을 대상으로 해서는 신뢰할 만한 결과가 나오지 않을 것이다.

한 그루의 나무를 선정해 까마귀 수를 추정하면 여러 그루의 나무에 있는 전체 까마귀 수를 계산할 수 있다.

16 당신이 사용한 단위는 얼마나 적절한가

적절한 대상 찾기

대표성을 띠려면 표본이 모집단의 구성 양상을 반영할 만큼 충분히 크고 다양해야 한다. 따라서 캐나다의 인구를 대표하려면 캐나다 전역에 살고 있는 모든 연령과 민족, 사회경제적 집단의 남녀를 설문에 거의 동일한 비율로 포함해야 한다. 이를 '인구통계'라고 한다.

적절한 표본의 크기를 설정하기 위해서는 꽤 전문적인 절차가 필요하다. 설문을 실시하고자 하는 사람들은 이 절차를 익혀 두어야 한다.

언론매체의 설문조사 결과를 보고 그 결과가 얼마나 신뢰할 만한지 대강이라도 알려면 표본의 크기와 인구통계를 유념해서 살펴보면 된다. 대체로 표본의 비율이 높을수록 결과의 신뢰도도 높아진다. 그러나 이 경우도 조사자가 대표 표본을 신중하게 선정했을 때만 그렇다.

대표 표본

다음의 표는 서로 다른 크기의 표본과 모집단에서 나온 결과를 얼마나 신뢰할 수 있는지를 대략적으로 보여 준다. 예를 들어, 캐나다 사례에서처럼 인구가 100만 명 이상의 경우, 오차 범위 1퍼센트(답변의 정확도가 ±1퍼센트 이내)의 결과를 얻으려면 9,513명의 사람에게 질문해야 한다. 그래야만 결과를 99퍼센트 신뢰할 수 있게 된다.

여기서도 대표 표본의 사용이 중요하다. 캐나다 인구의 식습관을 알고

수학의 발견 수학의 발명

자 할 때 힌두교 신자(대부분 채식주의자)나 벌목꾼(대부분 육식주의자)으로 이루어진 표본을 선정한다면 신뢰할 만한 결과가 나오지 않을 것이다.

모집단	오차 범위			신뢰 수준		
	10%	5%	1%	90%	95%	99%
100	50	80	99	74	80	88
500	81	218	476	176	218	286
1,000	88	278	906	215	278	400
10,000	96	370	4,900	264	370	623
100,000	96	383	8,763	270	383	660
1,000,000+	97	384	9,513	271	384	664

유효숫자

통계를 어설프게 처리하거나 보도한 증거는 합리적인 수준 이상의 유효숫자(significant figure)를 제시하여 그릇된 정확도로 나타나게 된다. 유효숫자란 의미가 있는 숫자로, 어떤 수에 내포된 제대로 된 정보를 보여 준다. 이 숫자에는 단순히 자릿수만 차지하는 0은 포함되지 않는다. 103.75라는 수에는 다섯 개의 유효숫자가 있으며, 그중 가장 유효한 숫자는 수의 크기가 100임을 나타내는 1이다. 일의 자리까지 정확한 수치가 필요하지 않다면 121,000이라는 수에는 유효숫자가 세 개뿐이다.

유효숫자는 반올림 방식으로 정한다. 계산 결과가 그다지 정확하지 않을 경우, 지나치게 정밀해 보이는 숫자들은 쳐내는 게 합당하다. 예를 들어 특정 용기에 담긴 모래알 수를 계산한 결과가 445,341,909개로 나왔다고 하자. 이 결과치는 450,000,000으로 올리거나 400,000,000으로 내려서 표시하는 것이 바람직하다. 이와 같은 계산에서는 하위 단위에서 정확성을 두는 게 쉽지도 않으며 별 의미도 없기 때문이다. 최근의 세계 인구 역시 흔히 80억 명으로 제시된다. 정확한 측정이 불가능하며 끊임없이 변동하기 때문이다. 2023년 기준 세계 인구 추정치는 8,045,310,000명이다. 숫자 표시가 복잡하다고 해서 반드시 더 정확한 것은 아니며, 우리에게 필요 이상으로 과한 정보를 줄 따름이다.

정확한 파이값은?

파이(π)는 소수점 이하로 숫자들이 무한히 이어지는 무리수다.
지금은 π값이 컴퓨터로 수십조 자리까지 계산되었지만, 수학자들은 소수점 이하 39자리 이상을 쓰는 것은 의미가 없다고 본다. 우리에게 알려진 우주의 부피를 원자 하나의 크기까지 계산하는 데도 그 정도면 충분하기 때문이다.

때로는 계산 결과치에서 제시하기에 적합한 정도보다 더 많은 유효숫자가 나올 때가 있다. 가령 지름이 120센티미터인 둥그런 깔개의 넓이를 알고 싶다고 하자. 원의 넓이를 구하는 공식은 πr^2이고 원의 반지름은 60센티미터이므로, 깔개의 넓이는 11,309.7336제곱센티미터다. 11,300제곱센티미터라고만 해도 웬만한 목적은 충족될 것이다. 깔개의 반지름부터가 그리 정확하게 측정된 것이 아니므로 소수점 이후의 숫자까지 표시하는 것은 적절치 않다. 모든 숫자를 다 표시하게 되면 실제로 얻어진 결과보다 더 과도한 정밀도를 나타내게 된다.

16 당신이 사용한 단위는 얼마나 적절한가

17

팬데믹, 우리는
이대로 죽는 걸까

팬데믹(pandemic)은 인류를 위협하는 무시무시한 현상으로, 전염병이 대륙을 넘어 전 세계로 확산되는 걸 의미한다.

흑사병과 스페인 독감

인류 역사상 최악의 팬데믹은 1346~1350년까지 아시아, 유럽, 아프리카 등지에서 무려 7,500만 명 이상의 목숨을 앗아간 흑사병(black death)이

흑사병은 인류 역사상 최악의 전염병으로 평가된다.

다. 대부분의 의학사학자들은 이 흑사병이 페스트를 유발하는 박테리아인 페스트균 중 특히 악성 종이었을 것으로 보고 있다. 이후에 크게 유행한 팬데믹은 1918~1919년에 발생한 스페인 독감(Spanish influenza)이다. 이 병은 전 세계로 퍼져나가 5,000만~1억 명 정도의 목숨을 앗아 갔다. 사망자 수만 보면 흑사병 사망자 수와 비슷하지만, 1346년의 세계 인구가 약 4억 명이었던 데 반해 1918년에는 거의 20억 명가량으로 1918년의 인구가 훨씬 많았다.

이 엄청난 규모의 세계적 유행병이 자주 발생하지 않았다는 점은 참으로 다행이다. 그러나 지난 100년간 세계는 큰 변화를 겪었다. 말이 달리는 속도(더 일반적으로는 걸어가는 속도)보다 더 빨리 이동할 수 없었던 중세 시대에는 유행병이 퍼지는 데 몇 년씩 걸리곤 했지만, 해외여행이 잦고 이동 속도도 빠른 현대에는 유행병이 발생할 경우 단 수주 또는 수개월 만에 전세계로 퍼지게 되었다. 2020년에 전 세계로 확산된 코로나 19가 바로 그 예다. 이처럼 지금은 유행병의 확산 속도가 과거와는 전혀 다르다.

병원균의 성공 지침

독감이나 페스트 같은 전염병은 박테리아나 바이러스 따위의 병원균에 의해 발생한다. 전염병이 발생하려면 병원균이 다음과 같은 특성을 지녀야 한다.

- 사람들 간에 쉽게 전염되어야 한다.
- 사람들이 밖에 나가지 못할 정도로 심하게 아파서 다른 잠재적 피해자들과의 접촉이 불가능해지기 전에 전파가 가능해야 한다.
- 병을 옮기기에 충분할 만큼 사람들을 오래 생존시켜야 한다.

이렇듯 병원균 입장에서도 어느 정도 수학적 지식을 갖춰야 전염률을 높일 수 있다.

병원균의 증식률

전염병의 발생 여부를 판단하는 데는 'R_0(알제로)'라고 불리는 기초감염 재생산수(basic reproduction number)가 중추적인 역할을 한다. 이 수는 일반적인 전염병 환자 한 명이 전염 가능 기간 동안, 즉 환자가 죽거나 병을 이겨 내어 전염성이 없어질 때까지 감염시키는 사람의 수를 계산한 값이다. R_0값이 높을수록 병원균이 유행병을 일으킬 확률이 크게 증가한다. 단순한 모형에서는 R_0값이 1보다 작으면 전염병이 발생하지 않으며, R_0값이 1보다 크면 전염병이 발생한다. 실제로는 이보다 조금 더 복잡하다. R_0값은 개별 환자들에 대한 데이터를 수집하고 그들이 접촉한 사람들과 감염률을 추적하거나 전체 인구에서의 감염률 데이터를 수집하여 계산한다. 그런데 이 두 가지 방식에서 서로 다른 결괏값이 나올 때가 많아 전염병학 연구가 어려움을 겪고 있다.

R_0값을 계산하는 공식은 다음과 같다.

$$R_0 = \tau \times \bar{c} \times d$$

τ는 감염자가 감염 감수성(susceptible) 보유자와 접촉할 때 감염시킬 가능성, 즉 전염성(transmissibility)을 뜻한다. 만약 감염자가 네 명과 접촉하여 그중 한 명이 감염된다면 전염성은 $\frac{1}{4}$이다.

$\bar{c}$는 감수성 보유자와 감염자 사이의 평균 접촉률이며, 접촉 횟수를 날짜로 나누어 계산한다. 일주일 동안 감염자와 감수성 보유자 사이에 70회의 접촉이 있었다면 1일당 접촉률은 $\frac{70}{7}$, 즉 10이다.

d는 전염성의 지속 기간으로, 어떤 사람이 얼마나 오랫동안 전염성을 지니고 있는지를 나타낸다($\bar{c}$를 계산할 때와 마찬가지로 날짜 단위로 계산한다).

예를 들어 어떤 질병이 4일 동안 감염력을 유지한다면, 전염성은 $\frac{1}{4}$이고 접촉률은 10이므로 다음과 같은 결과가 나온다.

$$R_0 = \frac{1}{4} \times 10 \times 4 = 10$$

따라서 그 질병의 병원균은 많은 사람을 감염시킬 확률이 높다.

또 다른 중요한 요소는 얼마나 많은 사람들에게 감수성이 있느냐 하는 것이다. 특정 질병에 대한 면역력이 있는 사람은 이전에 해당 질병에 걸렸거나 예방주사를 맞아서 그 병에 걸리지 않는다. 그러나 새로운 질병이나 변종이 등장하면 누구나 감수성을 지니게 되어 질병의 확산이 훨씬 쉬워진다.

대개는 R_0값이 높을수록 질병 확산을 통제하기가 힘들어진다. 그러나 R_0값을 계산하는 방식이 현장에서와 이론상으로 제각각이어서 이 수치는 그다지 신뢰할 만하거나 직접적으로 비교할 수도 없다. 하지만 이것들이 우리가 가진 최선의 방법이다.

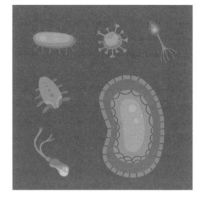

바이러스는 새로운 질병이나 변종이 등장할 때 빠르게 확산될 수 있다.

또한 R_0값은 추정치일 뿐이다. R_0값은 대개 집단 내부의 질병 접촉 횟수가 균일하다는 가정을 바탕으로 하는데, 현실적으로는 다른 사람들보다 더 질병에 취약한 사람들이 있게 마련이어서 이 값이 반드시 정확하다고 보기는 어렵다. 이를테면 다수의 아이들과 접촉하는 교사나 요양원에 사는 노인과 같은 일부 사람들은 비균일한 대규모 집단에 섞여서 지낸다. 반면에 혼자 살거나 외딴 동네에 사는 사람들은 타인과의 접촉이 제한적이다.

시간에 따른 변화

한 질병의 R_0값은 유행되거나 전염되는 과정에서 변화한다. 공식에 나오는 두 값인 전염성과 접촉률은 감수성 보유자 수에 따라 달라진다. 전

수학의 발견 수학의 발명

염병이 지속될수록 감수성 보유자 수가 감소하기 때문에 R_0값도 감소한다. 사람들이 어떤 질병에 걸렸다가 회복되고 나면(또는 사망한 뒤에는) 더이상 같은 질병에 걸리지 않기 때문이다.

다음 그림과 같이 전염병 유행 초기에는 예방접종을 받지 않은 집단에서 감염자와 접촉한 사람은 모두 질병에 걸릴 수 있다.

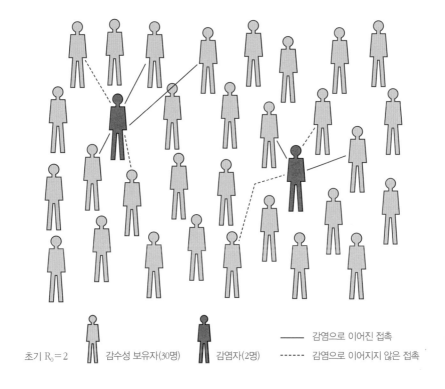

초기 $R_0 = 2$ 　감수성 보유자(30명)　감염자(2명)

———— 감염으로 이어진 접촉
- - - - - 감염으로 이어지지 않은 접촉

전염병 유행 중기에는 접촉자의 상당수가 이미 질병에 걸려 더는 감수성을 지니지 않게 된다.

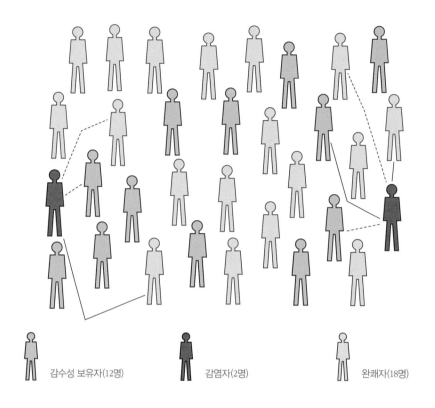

감수성 보유자(12명)		감염자(2명)	완쾌자(18명)

전염병 유행 후기에는 많은 사람들이 감염되었고, R_0값은 점차 감소하다가 1보다 낮아져 결국 전염병이 사라진다.

집단면역의 중요성

백신은 집단 내 감수성 보유자 수를 감소시키는 역할을 한다. 대부분의 사람이 예방접종을 하게 되면 감염자가 감수성 보유자와 접촉하게 될 확

전염병의 R_0값

대표적인 전염병의 R_0값 추정치는 다음과 같다.

질병	R_0	질병	R_0
홍역	12~18	사스	2~5
백일해	12~17	인플루엔자(1918년 유행)	2~3
디프테리아	6~7	에볼라(2014년 발생)	1.5~2.5
소아마비	5~7	코로나 19(2020년 발생)	2~4

률이 낮아져서 전염병이 발생하지 않는다. 이를 '집단면역(herd immunity)' 이라 하며, 집단면역은 예방접종이 불가능한 사람들(암 환자, 에이즈 환자 등) 을 보호하는 데 도움이 된다. 만나는 사람들 대부분이 면역력을 지니고 있어서 감염자와 접촉할 확률이 줄어들기 때문이다. 실제로 질병에 노출 될 경우 이들에게는 질병을 방어할 개인적인 보호막이 없으므로, 집단면 역성이 클수록 이들은 더욱 안전해진다.

백신의 질병 예방 효과가 100퍼센트라면 한 집단에서 전염병을 예방하 기 위해 예방접종을 해야 하는 사람들의 비율은 대략 다음과 같이 계산할 수 있다.

$$1 - \frac{1}{R_0}$$

이는 R_0값이 3인 치명적인 독감이 유행할 때 사람들의 $\frac{2}{3}$(즉, $1-\frac{1}{3}$)가 예

방접종을 해야 전염병을 예방할 수 있다는 뜻이다.

홍역은 R_0값이 12~18이다. 그 중간값인 15로 R_0값을 잡아 보자. 이때의 계산 결과는 $\frac{14}{15}(1-\frac{1}{15})$로, 이는 한 집단에서 홍역의 확산을 방지하려면 사람들의 15분의 14, 즉 93퍼센트 정도가 예방접종을 해야 한다는 뜻이다. 미국인의 약 20퍼센트는 예방접종이 자폐증을 유발할 수 있다는 그릇된 믿음으로 자녀들의 예방접종을 거부하고 있다. 2020년 기준 미국 미취학 아동의 홍역 예방접종률은 90퍼센트가 넘었지만, 일부 지역의 경우 80퍼센트까지 떨어져 홍역 감염 취약지구가 되었다.

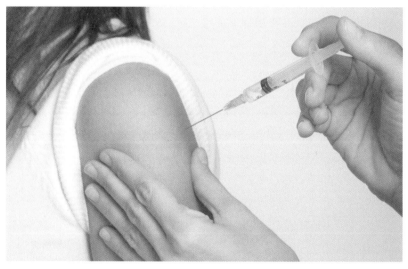

전염병 예방접종은 집단 내 감수성 보유자를 줄여 전염병 확산을 예방하고, 예방접종이 어려운 사람들에게 보호막을 제공한다.

18

외계 생명체는 과연
존재할까

우리가 우주의 유일한 지적 생명체일 가능성은 낮다.

우주에서 우리가 속한 은하계에만도 3,000억~4,000억 개의 항성이 있는 것으로 추정된다. 그런데 우리 은하계는 그리 큰 편이 아니다. 거대한 타원형 은하의 경우 약 100조 개의 항성이 있다. 우주에서 관측 가능한 범위 내에만 1,700억 개가 넘는 은하가 있으리라 추정되므로, 항성의 개수는 10^{22}~10^{24}개에 이를 수 있다. 항성이 10^{22}개만 있다고 하더라도 지구상의 모든 해변에 있는 모래알 하나당 1만 개의 항성이 있는 셈이고, 10^{24}개로 계산하면 모래알 하나당 100만 개의 항성이 있는 셈이다.

항성이 10^{22}개나 있는 우주에서 우리 인간만이 특별한 존재이고 우리만큼 기술적으로 진보한 다른 문명이 존재하지 않을 것이라고 단정하는 것은 터무니없이 오만한 태도일 것이다.

관측 가능한 우주의 지름은?

지구를 중심으로 관측 가능한 우주의 지름은 930억 광년에 이른다. 그 너머에 더 광대한 우주가 존재할 수 있지만 거기까지는 우리가 알 방법이 없다. 빅뱅 이후 138억 년이 지났지만 그곳을 떠난 빛이 아직 우리에게 도달하지 않았기 때문이다. 우리가 알지 못하는 더 큰 우주가 존재할 가능성이 크고, 우연히도 우리가 구형의 우주 한가운데 위치하게 될 확률은 지극히 낮다.

따라서 우주의 다른 곳에도 지적인 생명체가 존재할 가능성이 매우 크

수학의 발견 수학의 발명

다. 그러나 그들은 우리와 너무 멀리 떨어져 있어서 우리에게 연락할 길이 없을 것이다. 그렇다면 우리 은하계를 이루는 3,000억~4,000억 개의 항성 중에 지적 생명체가 존재할 가능성은 얼마나 될까? 언젠가는 이 질문의 답을 찾을 날이 올지도 모른다.

페르미의 역설

이탈리아의 물리학자 엔리코 페르미(Enrico Fermi)는 1950년 "우주에 지적 생명체가 존재한다면 우리는 왜 지금껏 외계인과 접촉하지 못했고, 외

엔리코 페르미는 원자로 설계로 유명한 인물이다. 그는 점심을 먹으며 담소를 나누던 중 외계인에 대해 언급했다. 그 뒤로 우리 우주 내에서 외계 생명체를 찾으려는 노력이 급증했다.

우주의 나이는 138억 년으로 추정되지만, 관측 가능한 우주의 지름은 138억 광년보다 훨씬 크다. 그동안 우주가 팽창하면서 가장 멀리 있는 조각들일수록 더욱더 멀리 밀어냈기 때문이다. 138억 년 전에 우리를 향해 빛을 뿜어냈던 물체는 지금은 약 460억 광년 거리까지 멀어져 있다.

계인이 존재한다는 증거 역시 관찰하지 못했을까?"라는 의문을 제기했다. 그의 질문은 천문학자들을 당혹스럽게 만들었으며, 우리가 실제로 그렇게 특별한 존재가 맞는지에 관한 케케묵은 질문을 다시금 수면 위로 떠오르게 했다. 또한 기술의 발전이나 종의 진화 및 생존을 가로막는 장애물들에 관한 각종 이론을 촉발시키는 계기도 되었다.

드레이크 방정식

미국의 천체물리학자 프랭크 드레이크(Frank Drake)가 만든 드레이크 방정식은 우리 은하계에서 인간을 제외한 지적 생명체를 찾기 위한 변수들을 제시한다. 아직은 그 변수들을 모두 채울 데이터가 확보되지 않았지만, 적절한 데이터만 확보된다면 이 방정식을 이용해 그 확률을 계산할

'우주에 지적 생명체가 존재할까? 물론이다. 우리 은하계 내에도 존재할까? 아무 확률이나 대도 될 만큼 대단히 가능성이 크다.'

폴 호로비츠(Paul Horowitz), 1996년 SETI(Search for Extra-Terrestrial Intelligence, 외계 지적 생명체 탐사 계획) 지휘

수 있다.

이 방정식에는 여러 가지 버전이 있는데, 그중에서 좀 더 직관적인 버전은 다음과 같다.

$$N = N^* \times f_p \times n_e \times f_l \times f_i \times f_c \times f_L$$

N＝우리 은하계 내에서 탐지할
　수 있는 지적 문명의 수(즉,
　우리의 현재 광원뿔상에 존재
　하는 문명들)

N^*＝은하계 내에 존재하는 항
　성의 수

f_p＝항성이 행성을 가질 확률

n_e＝항성에 속한 행성 중에서
　생명체가 존재할 수 있는
　행성의 수

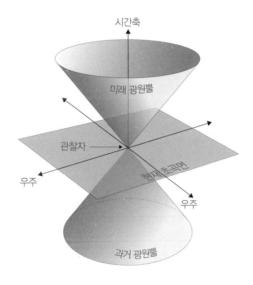

f_l＝생명체가 존재할 수 있는 행성 중 실제로 생명체가 생겨날 확률

f_i＝생명체가 지적 존재(문명)로 발전할 확률

f_c＝지적 생명체가 다른 천체와 교신 가능한 기술을 개발할 확률

f_L＝교신 가능한 문명이 행성에서 존속하는 시간

인간 외에 지적인 생명체가 존재할 확률이 희박해 보이더라도, 지구가

우리 은하계에 속한 3,000억~4,000억 개의 항성과 함께 탄생했으며 항성에는 행성이 딸려 있는 경우가 예외적이기보다는 오히려 일반적이라는 점을 유념하자.

먼저, 은하계 내의 항성 중 태양과 유사하며 거기에 행성이 딸려 있을 가능성이 있는 항성이 15퍼센트, 즉, 0.15(f_p)라고 가정해 보자. 이는 현재의 추정범위인 5~22퍼센트의 중간 수치를 잡은 것이다.

4,000억×0.15

태양계에서 지구 외에도 생명체가 존재했거나 존재할 가능성이 있는 행성으로 화성이 있다. 따라서 n_e＝2다.

4,000억×0.15×2

많은 과학자가 지구상에 생명체가 탄생한 시기를 10억 년 전으로 추정한다. 그렇다면 적절한 조건만 갖춰진다면 생명체가 생겨날 가능성이 꽤 있지 않을까? 그러나 아직은 생명체가 살 만한 다른 행성과 태양계 내 위성에서 생명체가 발견되지 않았으며, 이로 미루어 볼 때 지구 외에 생명체가 존재할 확률이 그리 높지는 않은 것 같다. 아직은 알 수 없는 일이다.

생명체의 출현 가능성이 얼마나 되느냐 하는 추정치의 범위는 100퍼센트(생명체가 출현할 수 있다면 반드시 출현할 것이다)에서 0퍼센트(실제로 생명체가 출현할 가능성은 매우 희박하다)까지 다양하다. 그 사이의 수치인 10퍼센트, 즉

0.1(f_i)이라고 가정해 보자.

$$4{,}000억 \times 0.15 \times 2 \times 0.1$$

그러한 행성 중 몇 개의 행성에 있는 생명체가 지적 존재로 발전할 확률은 얼마나 될까? 추측하기가 쉽지 않다. 지적인 존재는 이점이 많기 때문에 결국은 출현하게 마련이라고(즉, 출현 확률이 100퍼센트에 가깝다고) 보는

행성을 찾아서

최근까지 우리는 은하계 내의 다른 항성들에도 행성계가 딸려 있는지 여부를 알지 못했다. 그러나 지금은 태양계 외 행성들에 대한 활발한 탐색을 통해 이러한 행성을 많이 찾아냈다. 2020년까지 3,200개가 넘는 행성계에서 4,300개 이상의 태양계 외 행성이 발견되었다.

과학자들도 있고, 반대로 그럴 확률을 매우 희박하게 보는 과학자들도 있다. 그 확률을 1퍼센트, 즉 0.01(f_i)로 가정해 보자.

4,000억×0.15×2×0.1×0.01

이제 가능성이 무척 낮아졌다. 우리는 지적 생명체가 기술을 개발하고 교신을 위한 신호를 보내게 될 가능성이 얼마나 될지 전혀 모른다. 그 확률은 10퍼센트가 될 수도 있고 0.0001퍼센트가 될 수도 있다. 0.01퍼센트, 즉 0.0001(f_c)이라고 가정해 계산해 보자.

4,000억×0.15×2×0.1×0.01×0.0001＝12,000

우주 속 행성에 생명체가 존재할 가능성은 미지수이지만,
그 확률에 관한 다양한 추측이 존재한다.

우리에게 탐지 가능한 신호를 보낼 수 있는 은하계 내의 문명이 12,000 개 있다는 결과가 나온다. 꽤 희망적으로 보인다. 하지만 무엇보다 중요한 것은 그들과 우리가 같은 시간대에 존재해야 한다는 것이다. 아니면 그들이 보낸 신호가 우리가 존재하는 시간대에 도달해야 한다.

어떤 문명이 만 년(현재까지 인간 문명의 존속 기간) 동안 교신 활동을 할 수 있는 상태로 유지된다면, 그리고 그 행성이 100억 년 동안 존속한다면 f_L은 $10^4 \div 10^{10} = 10^{-6}$이 된다.

$$12,000 \times 10^{-6} = 0.012$$

0.012를 백분율로 바꾸면 1.2퍼센트가 된다. 즉 지금 이 순간 누군가가 우리 은하계 내의 신호를 듣거나 우리에게 신호를 보낼 확률은 1.2퍼센트다. 다시 말해 98.8퍼센트의 확률로 지금 우리와 교신할 수 있는 문명은 존재하지 않는다.

물론 우리가 대입한 수치들은 모두 추측에 따른 것이고 실제와 완전히 다를 수도 있다. 만약 항성들 중 절반에 생명체가 존재할 환경이 갖춰진 행성이 있다면, 그리고 그 행성에서 생명체가 반드시 출현하고 결국 지적인 존재가 된다면, 그리고 그 지적 존재의 10퍼센트가 교신 방법을 개발한다면, 그리고 그중 가장 성공적인 종(種)이 상어처럼 3억 5,000만 년 동안 존속한다면 그때의 결괏값은 크게 달라진다. 이러한 가정으로 계산하면 우리 은하계 내에 교신 가능한 외계 문명이 140억 개가 나온다. 보수적으로 계산했을 때보다 무려 1조 배나 많은 수치다.

우주에 생명체가 존재하는지를 알아볼 다른 방법들을 시도해 보고 싶다면 온라인상에서 다른 버전의 드레이크 방정식을 찾아 활용해 보기를 바란다.

인류는 다양한 관측 장비와 과학적, 수학적 방법을 통해 우주의 다른 지적 생명체와 교신할 가능성을 탐구하고 있다.

19

소수는 왜 특별할까

소수(prime number)는 생각보다 더 유용하다. 소수가 수학에 가담할 마음이 전혀 없다는 걸 고려하면 더더욱 그렇다.

소수는 약수가 1과 자기 자신뿐인, 다시 말해 1과 자기 자신만으로 나누어떨어지는 1보다 큰 양의 정수다.

[소수] × 1 = [소수]

소수와 합성수

합성수(composite number)는 1과 자기 자신 외에 다른 약수를 가진 수다. 따라서 0과 1을 제외한 모든 양의 정수는 소수이거나 합성수다. 모든 합성수는 소인수들의 곱으로 표현될 수 있다. 즉, 오직 소수만으로 이루어진 인수들로 분해될 수 있다. 바로 이 때문에 소수가 중요하다. 소수만 있으면 어떤 수든 만들 수 있다.

소수에 관한 흥미로운 사실

0과 1은 현재 소수로 간주하지 않는다. 19세기에는 많은 수학자가 1을 소수로 보았지만 지금은 1이 소수 클럽에서 쫓겨난 지 오래다.
그리고 2는 유일한 짝수 소수다.

소수 정리

19세기에 증명된 소수 정리(prime number theorem)는 무작위로 선택한 숫자 n이 소수일 확률이 그 숫자의 자릿수, 즉 n의 로그값에 반비례한다는 것이다. 즉, 숫자가 커지면 커질수록 그 수가 소수일 확률이 줄어든다는 뜻이다.

n까지 연속된 소수들 사이의 평균 간격은 대략 n의 로그값, 즉 $\ln(n)$이다.

소수 찾기

어떤 수가 소수인지 알아보는 방법을 '소수 판별법(primality test)'이라고 한다. 만약 n이라는 숫자가 소수인지 알아보려면 n을 1보다 크고 $\sqrt{n}$보다 작은 모든 수로 나눠 보면 된다.

그러나 수가 클 때는 이 방법이 번거로우므로 컴퓨터를 이용한 효율적인 방법을 사용한다. 2024년 기준으로 확정된 최대 소수는 41,024,320 자릿수의 숫자인 $2^{136,279,841}-1$이다. 특별히 도전할 이유가 있는 게 아니라면 굳이 밤새워 소수를 더 찾으려 애쓸 필요는 없다. 다만, 전자프런티어재단(Electronic Frontier Foundation, EFF)이 최소 1억 자릿수의 첫 번째 소수나 최소 5억 자릿수의 첫 번째 소수를

'소수는 자연수들 사이로 잡초처럼 불쑥불쑥 솟아나며 확률의 법칙 외에는 그 어떤 법칙의 지배도 받지 않을 듯 보이는가 하면 한편으로는 놀라운 규칙성을 보이기도 한다. 소수를 지배하는 법칙은 분명히 존재하며, 소수는 이 법칙을 철두철미하게 따른다.'

돈 자이에(Don Zagier), 미국 정수론자

찾는 사람에게 상금을 주겠다고 제안한 바 있으니 참고하기 바란다.

과거의 위대한 수학자 몇몇과 현대의 가장 정교한 컴퓨터 프로그램들이 소수에서 규칙성을 찾아보고자 시도했지만, 아직까지는 예측 가능한 패턴이 발견되지 않았다.

에라토스테네스의 체

기원전 2~3세기에 살았던 고대 그리스 수학자 유클리드는 소수의 존재를 최초로 인지한 인물이다. 기원전 2세기의 또 다른 그리스 수학자 에라토스테네스는 이른바 소수를 찾는 '에라토스테네스의 체(sieve of Eratosthenes)'를 도입했는데, 비교적 작은 수에만 적용할 수 있는 방법이긴 하지만 간편하게 활용할 수 있다.

우선 가로로 10칸짜리 격자판을 그리되 세로줄은 확인하고 싶은 숫자를 포함할 만큼 그린다. 숫자 n까지 확인하고 싶다면 1부터 n까지의 숫자가 표시된 격자판이 필요하다. 격자판을 다 그렸으면 이제는 4부터 시작하여 한 칸 한 칸 나아가며 2의 배수들을 모두 지워 나간다. 그런 다음 3 이외의 3의 배수, 5 이외의 5의 배수, 7 이외의 7의 배수 등을 지워 나간다. $\sqrt{n} - 1$의 배수에 도달하면 그만해도 좋다. 그 정도로 큰 수들은 n 이하의 인수가 될 수 없기 때문이다. 이렇게 했을 때 지워지지 않고 남는 수가 소수다.

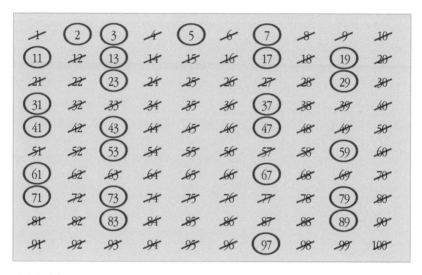

어떤 숫자가 소수인지 알려면 2로 나누어 보면 된다. 그 값이 정수이면 그 수는 소수일 수 없다. 짝수인 소수는 2뿐이며, 2를 2로 나누면 (소수가 아닌) 1이 된다.

소수의 활약

고대 그리스 시대부터 17세기까지는 소수가 거의 주목받지 못했다. 17세기에도 순수수학 이외에는 실질적으로 소수를 쓸 일이 없었다. 컴퓨터 시대에 이르러서야 비로소 소수의 명예가 회복되었는데, 암호화 알고리듬(algorithm)을 개발할 필요성이 생겼기 때문이다.

소수는 데이터를 암호화할 필요성이 대두되기 전까지는 쓰임새가 거의 없었다. 그러나 요즘은 인터넷상에서 날마다 막대한 양의 보안 트랜잭션(transaction)과 비밀 데이터가 오가면서, 소수는 은행의 현금 수송차처럼 데이터를 안전하게 실어 나르는 역할을 하게 되었다.

먼저 매우 큰 소수들끼리 곱해 합성수를 만들어 보자.

$$P_1 \times P_2 = C$$

합성수는 '공개키(public key)'라는 암호를 생성하는 데 사용되며, 은행 등에서는 데이터의 암호화를 원하는 사람에게 이러한 공개키를 보낸다. 온라인으로 물건을 구매하면 구매자의 신용카드 정보가 이 공개키를 통

소수를 활용한 암호화 기술로 온라인 보안이 강화되고 데이터도 안전하게 보호된다.

수학의 발견 수학의 발명

울람 나선

1963년 미국의 수학자 스타니스와프 울람(Stanislaw Ulam)은 지루한 학술발표회 도중 무언기를 끼적이다가 놀라운 발견을 했다. 바로 울람 나선(Ulam spiral)이다. 그는 1을 중심에 두고 나선을 그리며 숫자를 써 나갔다.

```
37—36—35—34—33—32—31
 |                   |
38  17—16—15—14—13  30
 |   |           |   |
39  18   5—4—3  12  29
 |   |   |   |   |   |
40  19   6  1—2  11  28
 |   |   |       |   |
41  20   7—8—9—10  27
 |   |               |
42  21—22—23—24—25—26
 |
43—44—45—46—47—48—49…
```

그런 다음 아래와 같이 소수들만 남겨 보았다.

그러자 소수들이 대각선 형태로 나타나는 경향을 발견하게 되었다. 나선이 커질수록 이러한 경향성은 더욱 뚜렷해졌다. 수평이나 수직의 선도 간혹 보이긴 했지만 대각선만큼 두드러지게 나타나지는 않았다.

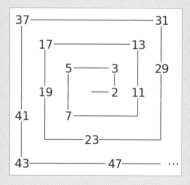

컴퓨터 프로그램을 이용해 합성수는 하얀 픽셀로, 소수는 검은 픽셀로 울람 나선에 넣어 보면 대각선들이 뚜렷하게 나타나는 것을 볼 수 있다. 무작위의 숫자를 같은 수만큼 뽑아서 비교해 보아도 대각선이 나타나는 건 마찬가지다.

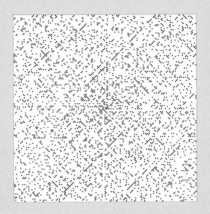

여전히 예측 가능한 패턴은 아니지만, 어딘가에 모종의 패턴이 있을지도 모를 흥미로운 제안이다.

해 암호화되며, 이때 암호화는 구매자 쪽에서 이루어진다. 만약 이동 중에 탈취가 일어난다 하더라도 암호화된 데이터는 이해할 수 없는 형태여서 타인이 사용할 수 없다. 카드 정보가 상대편에 도달하면 P_1과 P_2로 만들어진 공개키를 이용해 데이터를 해독한다.

이 방법이 통하는 이유는 매우 큰 두 소수로 만들어진 합성수를 찾는 일이 대단히 어렵기 때문이다. 혹여 해커가 데이터를 가로채더라도 그 암호를 풀고 원래의 소수들이 무엇인지 찾으려면 컴퓨터로 작업해도 1,000년이 걸린다.

수학의 발견 수학의 발명

요즘은 이처럼 암호를 풀기가 어찌나 까다로운지 행정 부처들이 보안 업체에 차라리 자기들 시스템에 들어갈 수 있는 '백도어(backdoor)'를 만들어 달라고 부탁할 정도다. 일 처리가 좀 더 수월해지도록 말이다.

20

확률 게임에서 살아남는
법은 무엇일까

우리는 매일 확률(기회나 위험)을 따지며 살아간다. 심지어 확률에 대해 잘 알지도 못하면서 말이다. 우리가 복권을 살 때나 단순히 길을 건널 때도 확률이 개입한다.

배당률의 속임수

도박의 중심에는 확률이 있다. 실제로 기회나 위험에 대한 수학적 접근인 확률의 발달을 촉진한 것이 바로 도박이었다. 카지노 업주나 마권 업자가 자신들에게 이익이 돌아가도록 하려면 확률을 잘 이해해야 하며, 그렇지 않으면 수익을 올릴 수가 없다. 물론 사람들에게 배당률을 제시할 때는 베팅을 해도 괜찮겠다는 느낌이 들도록 해야 한다. 그 방법에는 여러 가지가 있다.

경마에서 마권 업자는 각 경주마에 대한 배당률을 다음과 같이 비율로 표시한다.

무서운 경고 20:1

멋쟁이   4:1

아릇한 쿼크 8:1

탄젠트   7:1

공정한 베팅 5:1

분수로 생각하면 이해하기가 쉽다.

'무서운 경고'의 배당률이 20:1이라는 것은 '무서운 경고'가 우승할 확률을 스무 번 중 한 번, 즉 20분의 1이라고 본다는 뜻이다. '멋쟁이'가 우승할 확률은 4분의 1로 더 높다.

모든 경주마의 배당률을 전부 합하면 분수이므로 당연히 수학적 관점에서 볼 때 총합은 1이 되어야 한다. 그러나 절대 그럴 리가 없다. 마권 업자는 베팅액 총액에서 지급액 총액을 뺀 만큼의 수익을 올리기 때문이다. 이 경마에서 배당률의 총합은 다음과 같다.

$$\frac{1}{20} + \frac{1}{4} + \frac{1}{8} + \frac{1}{7} + \frac{1}{5}$$
$$= 0.05 + 0.25 + 0.125 + 0.142857 + 0.2$$
$$= 0.767857$$

이 결괏값과 1의 차이는 0.232143이므로, 베팅이 골고루 이루어졌다고 가정할 때 마권 업자는 23퍼센트가 넘는 이익을 거두게 된다.

이처럼 마권 업자의 배당률은 실제 확률과 일치하지 않는다. 마권 업자가 각 경주마의 우승할 확률을 축소했기 때문이다. 어떤 경주마든 (경주마들이 전부 넘어져서 실격당하지 않는 한) 분명 우승하는 말은 있을 테니 실제 확률은 모두 더해서 1이 되어야 한다.

복권 당첨 확률

경마 이외의 도박에서는 통상 크게 딸 확률은 낮게 잡고 작게 딸 확률은 높게 잡는다. 국가가 운영하는 복권이 대부분 이런 방식을 따른다. 잭폿을 터뜨릴 확률은 흔히 수백만분의 1로 극히 희박하지만, 만 원 정도의 소액 당첨금을 받을 확률은 이보다 훨씬 높다. 참으로 교묘한 수법이다. 잭폿을 터뜨릴 확률은 매우 낮지만 최소한 돈을 잃지는 않을 거라고 꼬드기며 베팅을 유도하기 때문이다.

광고에서는 '매주 5만 개의 경품' 같은 문구가 동원된다. 9장에서 보았듯이 일단 경품의 절대적인 수가 많으면 사람들은 즉각적으로 반응한다. '분모 무시' 효과로 인해 그 확률이 실제로는 3,500만분의 5만, 즉 70분의 1의 확률밖에 되지 않는다는 생각을 미처 못 하기 때문이다.

슬롯머신도 같은 원리의 차등 지급 방식으로 운영된다. 따라서 크게 딸 확률은 낮게, 작게 딸 확률은 높게 설정한다. 소액을 딴 사람들은 한 번만 더, 한 번만 더 하다가 결국엔 많은 돈을 잃곤 한다.

취업에 성공할 확률

때로는 두 가지 이상의 사건이 일어날 확률을 아는 게 도움이 될 때가 있다.

수학의 발견 수학의 발명

- A 또는 B가 일어날 확률

- A와 B가 모두 일어날 확률

둘 중에 하나(A 또는 B)가 일어날 확률을 구하려면 먼저 각 사건이 일어날 확률을 더한 후 두 가지 사건이 모두 일어날 확률을 빼면 된다.

두 가지가 다(A와 B) 일어날 확률을 구하려면 각 사건이 일어날 확률을 곱하면 된다.

당신이 두 곳의 회사에 취업 원서를 넣었다고 가정해 보자. 첫 번째 회사에 당신을 포함해 다섯 명의 동일 자격자들이 지원했다면 당신이 이곳에 합격할 확률은 $\frac{1}{5}$, 즉 0.2다. 그리고 두 번째 회사에 네 명이 지원했다면 당신이 합격할 확률은 $\frac{1}{4}$, 즉 0.25다.

둘 중 한 군데라도 합격할 확률은 다음과 같다.

$$0.2 + 0.25 - 0.2 \times 0.25 = 0.4(40퍼센트)$$

두 군데 모두 합격할 확률은 다음과 같다.

$$0.2 \times 0.25 = 0.05(5퍼센트)$$

두 군데 모두 합격할 확률에 비해 한 군데라도 합격할 확률이 8배나 높다.

두 군데 모두 합격하지 않고 한 군데만 합격할 확률은 한 군데나 두 군데 모두에 합격할 확률에서 두 군데 모두 합격할 확률을 빼면 된다.

$$0.4 - 0.05 = 0.35(\text{35퍼센트})$$

최종적으로 보면 가장 높은 확률은 모두 다 합격하지 못할 확률이며, 그 다음으로 높은 확률은 한 군데만 합격할 확률이다.

횟수에 따른 확률 변화

확률 계산과 관련된 원리는 동전 던지기와 주사위 굴리기를 할 때를 생각해 보면 가장 쉽게 이해할 수 있다.

동전 던지기는 앞면 아니면 뒷면이 나오는 단순한 확률 게임이다. 동전 상태가 멀쩡하고 각각의 면으로 떨어질 확률이 동일하다고 가정할 때, 앞면이 나올 확률은 $\frac{1}{2}$(50퍼센트)이고, 뒷면이 나올 확률도 $\frac{1}{2}$(50퍼센트)이다. 동전을 두 번 던질 때도 마찬가지로 앞면 또는 뒷면이 나오게 되는데, 그때의 확률은 다음과 같다.

1회	앞면		뒷면	
2회	앞면	뒷면	앞면	뒷면

가능한 경우의 수는 네 가지다. 앞면 다음에 앞면이 나올 경우, 앞면 다

음에 뒷면이 나올 경우, 뒷면 다음에 앞면이 나올 경우, 뒷면 다음에 뒷면이 나올 경우다. 여러 경우를 따져 보면 앞면 다음에 뒷면이 나올 확률과 뒷면 다음에 앞면이 나올 확률은 같다. 앞면이 두 번 연달아 나올 확률은 $\frac{1}{4}$이며, 뒷면이 두 번 연달아 나올 확률도 $\frac{1}{4}$이다. 앞면이 한 번만 나올 확률과 뒷면이 한 번만 나올 확률은 각각 $\frac{1}{2}$이다.

동전을 던지는 횟수가 늘어날수록 가능한 경우의 수는 많아지고, 모두 앞면만 나오거나 모두 뒷면만 나올 확률은 줄어든다(오른쪽 위 표 참조). n번째 던지는 횟수에 그때까지 전부 앞면이 나올 확률은 $\frac{1}{2^n}$이다. n번째에 매번 뒷면이 나올 확률도 $\frac{1}{2^n}$이다. 모두 앞면이 나오거나 모두 뒷면이 나올 확률은 $2 \times \frac{1}{2^n}$로, $\frac{1}{2^{n-1}}$과 같다(오른쪽 아래 표 참조).

던지는 횟수	모두 앞면이 나올 확률
1	$\frac{1}{2}$
2	$\frac{1}{4}$
3	$\frac{1}{8}$
4	$\frac{1}{16}$
5	$\frac{1}{32}$
6	$\frac{1}{64}$

던지는 횟수	모두 앞면 또는 모두 뒷면이 나올 확률
1	1
2	$\frac{1}{2}$
3	$\frac{1}{4}$
4	$\frac{1}{8}$
5	$\frac{1}{16}$
6	$\frac{1}{32}$

6분의 1

주사위의 경우는 문제가 더 복잡해진다. 주사위를 던질 때마다 나올 수

20 확률 게임에서 살아남는 법은 무엇일까

있는 경우의 수가 여섯 가지이기 때문이다. 계산 방법은 아까와 같지만 이번에는 6의 거듭제곱, 즉 6^n을 해야 한다. 주사위를 던질 때마다 5(또는 다른 숫자)가 나올 확률은 오른쪽 표와 같다.

주사위를 두 개 던질 경우 두 개 다 같은 숫자가 나올 확률은 $\frac{1}{6}$이다.

주사위를 2회 이상 던지게 되면 특정 합산값이 나올 확률을 구하기가 한층

던지는 횟수	모두 5가 나올 확률
1	$\frac{1}{6}$
2	$\frac{1}{36}$
3	$\frac{1}{216}$
4	$\frac{1}{1,296}$
5	$\frac{1}{7,776}$
6	$\frac{1}{46,656}$

까다로워진다. 일부 합산값의 경우 나올 수 있는 방식이 한 가지 이상이기 때문이다(아래 표 참조).

주사위 두 개를 던질 때 가장 많이 나오는 합산값은 7이다. 7이 나올 방

2	1+1					
3	1+2	2+1				
4	2+2	1+3	3+1			
5	1+4	2+3	3+2	4+1		
6	1+5	2+4	3+3	4+2	5+1	
7	1+6	2+5	3+4	4+3	5+2	6+1
8	2+6	3+5	4+4	5+3	6+2	
9	3+6	4+5	5+4	6+3		
10	4+6	5+5	6+4			
11	5+6	6+5				
12	6+6					

법이 여섯 가지나 되기 때문이다. 이는 곧 합산값 7이 나올 확률이 $\frac{6}{36}$, 즉 $\frac{1}{6}$이라는 뜻이다. 두 개의 주사위를 던지는 게임을 할 때 선택권이 주어진다면 7이 될 가능성에 베팅하는 것이 유리하다.

햄릿증후군 해결법

———

오스트리아의 정신과 의사이자 정신분석학의 창시자인 지그문트 프로이트(Sigmund Freud)는 선택이나 결정을 내리기 어려워하는 사람들, 즉 '햄릿증후군'을 겪는 사람들에게 동전 던지기를 권유했다. 중요한 선택을 운에 맡기도록 하려는 것이 아니라, 동전을 이용해 진정한 욕망을 확인하기 위함이었다.
"동전의 어떤 면이 나왔는지 본 다음 자신의 반응을 살피십시오. 그런 결과가 나와서 기쁜지 아니면 실망스러운지 스스로에게 묻는 겁니다. 그러면 해당 사안에 대한 자신의 진짜 본심이 무엇인지 파악하는 데 도움이 됩니다. 그러한 느낌을 바탕으로 마음의 준비를 하고 올바른 결정을 내리면 됩니다."

21

두 사람이 같은 생일일
확률은 얼마일까

같은 공간에 30명의 사람이 있다면 그중에서 적어도 두 명 이상의 생일이 같을 확률은 꽤 높다. 즉, 50퍼센트를 훨씬 뛰어넘는다. '생일 역설(birthday paradox)'이라고 불리는 이 통계는 자주 인용되기는 하지만 쉽게 이해하기가 어렵다. 우리의 직관과는 거리가 있기 때문이다.

빈도학파의 시각에서 본 생일

확률을 다루는 방식에는 두 가지가 있다. 하나는 20장에서 살펴본 방법을 사용하는 것으로, 이것을 '빈도주의 기법(frequentist method)'이라고 부른다. 다른 하나는 영국의 수학자 토머스 베이즈(Thomas Bayes)가 고안한 '베이즈식 기법(Bayesian method)'으로 이 방법은 좀 더 복잡하다.

1년은 365일이다(윤년이 아닐 경우). 따라서 당신의 생일이 특정일에 해당될 확률은 $\frac{1}{365}$이다. 다른 한 사람과만 비교한다면 당신의 생일이 그 사람의 생일과 일치할 확률은 $\frac{1}{365}$이다.

$$\frac{1}{365} = 0.0027$$

그러나 단지 당신의 생일과만 따져서 될 일이 아니다. 한 공간에 30명이 있으므로 비교 가능한 생일의 쌍은 $\frac{30 \times 29}{2}$개, 즉 435개가 있다. 이제 왜 생일이 같을 가능성이 그토록 큰지 이해가 갈 것이다.

문제를 뒤집어 보자

생일이 일치할 가능성이 아닌 생일이 일치하지 않을 가능성, 즉 한 공간에 있는 30명의 생일이 하나도 일치하지 않을 가능성을 생각해 보자.

사람이 두 명일 경우, 그들의 생일이 같지 않을 확률은 다음과 같다.

$$1 - \frac{1}{365} = \frac{364}{365} = 0.997$$

세 번째 사람을 추가하면 이미 이틀의 생일이 사용되었으므로 사용되지 않은 날짜는 363일이다. 이제 그들의 생일이 모두 일치하지 않을 확률은 다음과 같다.

$$\frac{364}{365} \times \frac{363}{365} = 0.992$$

또 다른 사람을 추가하면 확률은 다음과 같다.

$$\frac{364}{365} \times \frac{363}{365} \times \frac{362}{365} = 0.984$$

30명을 다 추가하게 되면 모두의 생일이 하나도 일치하지 않을 확률은 0.294, 즉 30퍼센트가량이 된다. 이는 곧 최소한 두 명은 생일이 일치할 확률이 70퍼센트라는 뜻이다. 확률이 50퍼센트에 도달하는 시점은 사람이 23명이 있을 때다. 만약 57명이 있다면 서로의 생일이 일치할 확률이 무려 99퍼센트에 육박하게 된다.

다른 방식으로 문제 뒤집기

베이즈식 확률 접근법은 빈도주의 기법과는 조금 다르다. 이 방법은 한 가지 확률을 바탕으로 관련된 또 다른 확률을 추론할 수 있다.

베이즈 정리(Bayes' theorem)는 다음과 같다.

$$P(A|B) = \frac{P(B|A)P(A)}{P(B)}$$

여기서 $P(A|B)$는 'B가 주어졌을 때 A가 일어날 확률'이고, $P(B|A)$는 'A가 주어졌을때 B가 일어날 확률'이다. 그리고 $P(A)$는 'A가 일어날 확률, $P(B)$는 'B가 일어날 확률'이다.

인류의 종말은 언제일까

베이즈식 확률 추론의 개념은 인류 종말의 날을 계산할 때도 간접적으로 적용된다. 일명 '인류 종말 논법(doomsday argument)'은 호주의 물리학자 브랜든 카터(Brandon Carter)가 1983년에 제시한 개념으로, 이후 미국의 천체물리학자 리처드 고트(J. Richard Gott)에 의해 발전되었다. 고트는

베이즈식 탱크 대수 계산법

제2차 세계대전 중 연합군은 포획하거나 파괴한 탱크들에 대한 데이터를 베이즈식으로 분석하여 독일의 탱크 생산량을 추산하고자 했다.

그들은 포획한 탱크 두 대에 사용된 64개의 바퀴를 만드는 데 거푸집이 몇 개나 사용되었는지를 계산했다. 그런 다음 한 달에 한 개의 거푸집에서 바퀴를 몇 개나 생산할 수 있는지 계산하고, 그 데이터를 바탕으로 표본이 된 64개의 바퀴와 동일한 부분을 생산했을 법한 거푸집의 총개수를 계산했다. 그 결과를 바탕으로 그들은 독일군이 1944년 2월 한 달 동안 270대의 탱크를 생산한 것으로 추정했다. 또 베이즈식 접근법을 이용해 포획된 탱크의 일련번호를 바탕으로 한 탱크의 예상 대수도 계산했는데, 나중에 알고 보니 놀라우리만치 정확한 수치였다.

전쟁이 끝난 뒤 독일의 기록과 연합군의 통계 추정치를 비교해 본 결과, 정보 수집을 통한 방법보다 통계적인 방법이 군사력을 측정할 때 훨씬 더 신뢰할 만한 방법이라는 것이 확인되었다.

카터의 아이디어를 확장해 1983년 당시까지 태어난 사람의 수를 약 600억 명으로 추정하고, 이를 토대로 인류가 이후 9,120년 이상 존속할 확률이 5퍼센트 미만이라고 계산했다(지금은 1983년 당시보다 세월이 흘렀으므로 남은 햇수 역시 줄었다).

22

정말 감수할 만한 위험일까

위험에 대한 우리의 인식은 수학적으로 계산된 위험과 늘 일치하지는 않는다. 위험에 대한 인식 정도는 여러 심리 요소에 영향받는다. 그 요소에는 친밀도, 알려지지 않은 요소, 통제 가능 수준, 결과의 희박성, 위험 회피 가능성, 위험의 임박성, 초래될 수 있는 피해의 정도 등이 포함된다.

지나친 두려움은 금물

논리적으로는 어떤 행동에 따르는 사망 위험이나 심각한 부상의 위험이 비교적 높다면 그 행동을 피하는 게 옳다. 그러나 현실적으로는 과속 운전을 하거나, 담배를 피우거나, 건강에 해로운 수준으로 과식하는 사람들이 많다. 그런가 하면 에볼라가 발발했던 2014~15년 당시에는 전 세계 사람들이 지나칠 정도로 불안해했다. 그들 대부분이 평생 갈 일이 없는 아프리카 6개국에 한정된 사건이었음에도 말이다.

에볼라를 두려워하는 데는 다음과 같은 이유가 있다.

- 감염 치사율이 50퍼센트 이상이다.
- 병에 걸린 모습이 소름 끼칠 만큼 끔찍하다.
- 대부분의 사람에게 생소한 병이다.
- 관련된 언론 보도가 많다.
- 병의 발생이 무작위적이라 통제할 수 없을 것만 같은 느낌이 든다(5,000킬로미터 이상 떨어져 있는 사람에게 전염될 만큼 무작위적이지는 않음에도).

수학의 발견 수학의 발명

에볼라에 대해서는 모르는 사실도 많다. 에볼라가 아프리카 이외의 지역으로 번질 수 있을까, 증상 발현 이전에 사람들 간 전염이 가능할까 등등 말이다. 그러나 위험을 피하기는 전혀 어렵지 않다. 아프리카에 가지 않고, 에볼라 진료소 근처에 가지 않으며, 사체를 만지지 않으면 된다. 대부분의 사람이 큰 위험이 없음에도 에볼라를 두려워하거나 과도한 거부감을 표시한다.

반면 차량 사고의 경우는 알려진 위험이다. 차량의 운행은 친숙하고 통제 가능하다는 느낌이 든다. 다른 운전자까지는 통제할 방법이 없으니 그러한 느낌이 환상에 불과하다고 해도 말이다. 너무 흔하게 발생하는 나머지 교통사고는 보도가 잘 되지 않는다. 그러나 이 사실은 교통사고 위험률이 그만큼 높다는 것을 의미한다. 대부분의 사람들은 차량 운행을 두려워하지 않으며, 차량을 이용하지 못한다면 매우 불편해할 것이다.

극적인 드라마, 낮은 위험률

인간에게 가장 치명적인 동물은 흔히 생각하는 상어나 호랑이 같은 덩치 큰 동물이 아니다. 개도 아니다. 진짜 위험한 동물은 모기다. 모기는 말라리아와 같은 질병으로 연간 50만 명 이상을 사망에 이르게 한다. 하지만 대부분의 사람은 모기가 들끓는 브라질 강변을 걷는 게 호주 해안의 상어 출몰 지역에서 수영하는 것보다 더 안전할 것이라고 생각한다. 그런데 상어에 물려 죽을 확률보다 물에 빠져 죽을 확률이 3,300배나 더 높다.

상어보다 위험한 동물들

———

상어에 의한 사망자 수는 매년 세계적으로 평균 여섯 명이 채 되지 않는다. 상어보다는 다른 동물들에 의해 사망할 확률이 훨씬 더 높다.

- 뱀: 연간 약 70,000명
- 벌: 연간 약 50,000명
- 개: 연간 약 35,000명
- 하마: 연간 약 2,900명
- 개미: 연간 약 900명
- 해파리: 연간 약 500명

그러니 상어를 만날 만큼 물속에서 오래도록 살아남았다면 자신을 행운아로 여겨야 할 것이다.

숫자 해석의 중요성

위험을 나타내는 수치 역시 다른 수치들과 마찬가지로 맥락 속에서의 의미를 잘 따져 보아야 한다. 다음은 미국의 교통사고 사망과 관련된 두 가지 수치다.

- 1950년의 교통사고 사망자는 33,186명이다.
- 2013년의 교통사고 사망자는 32,719명이다.

이렇게만 보면 암울하게도 교통 안전도가 1950년 이후 거의 개선된 바가 없는 것처럼 보인다. 그러나 더 많은 정보를 들여다보면 이 수치들에 숨어 있는 의미를 파악할 수 있다. 각 연도의 미국 인구를 살펴보면 무슨 일이 일어나고 있는지 좀 더 명확히 알 수 있다. 1950년의 미국 인구는 약 1억 5,200만 명이었다. 2013년에는 인구가 3억 1,600만 명으로 거의 두 배나 증가했다. 사망자 수를 인구수로 나누어서 계산한 교통사고 사망률을 비교하면 확실한 진전이 있었음을 확인할 수 있다.

연도	사망자 수	인구	10만 명당 사망률
1950	33,186	1억 5,200만	21.8
2013	32,719	3억 1,600만	10.3

더 나아가 각 연도의 차량 주행거리를 살펴보면 또 다른 양상을 확인할 수 있다.

연도	사망자 수	인구	주행거리 (단위: 10억 마일)	10만 명당 사망률	주행거리 1억 마일당 사망률
1950	33,186	1억 5,200만	458	21.8	7.2
2013	32,719	3억 1,600만	2,946	10.3	1.1

2013년보다 1950년에 운전하기가 일곱 배나 더 위험했던 것이다. 즉 위험률이 무려 85퍼센트 정도 감소했다.

마이크로모트: 100만 분의 1의 확률

위험 분석가들은 '100만 분의 1의 사망 확률'을 나타내는 용어로 '마이크로모트(micromort)'를 사용한다. 출근할 때나 외출할 때 무엇을 타고 갈지 고민이라면 마이크로모트를 이용해 교통수단별로 이동 거리당 사고로 사망할 가능성을 계산하여 위험률을 비교해 볼 수 있다.

오른쪽 표는 영국의 2010년대 마이크로모트 통계다. 교통수단 중 열차가 가장 안전하고, 오토바이가 가장 위험하다.

교통수단	1마이크로모트
열차	9,656km당
자동차	370km당
자전거	32km당
도보	27km당
오토바이	10km당

만성 위험과 급성 위험

계단에서 굴러떨어져 목뼈가 부러질 위험은 급성 위험이다. 이런 일이 지금 일어나면 당장에라도 죽을 수 있다. 만약 계단을 걸어 내려가는데 그런 일이 일어나지 않으면, 그 위험은 당분간 사라지고 약간의 불안감 외에는 어떤 악영향도 생기지 않는다.

반면, 흡연으로 인해 폐암이 발병할 위험은 만성 위험이다. 이런 위험은 오랜 시일에 걸쳐 증가하며, 오늘 오후에 피운 담배 한 개비가 당장은 사망을 유발하지 않을지라도 지금까지 피운 담배 개수와 합쳐지면 조기 사망에 영향을 줄 수 있다. 이런 위험은 누적되는 것으로, 담배 한 개비 한 개비가 모여 폐암 및 기타 질병들의 위험을 증가시키게 된다.

마이크로라이프

마이크로모트와 반대되는 개념이 '100만분의 1의 수명'을 나타내는 '마이크로라이프(microlife)'다. 젊은 성인의 경우, 이는 평균적으로 약 30분의 생존 시간을 나타낸다.

만성 위험은 흔히 마이크로라이프의 손실로 표현된다. 가령 담배 한 개비를 피우면 약 1마이크로라이프가 손실된다. 물론 이것은 그럴 위험이 있다는 것이지 직접적이고 명백한 손실을 의미하는 것은 아니다. 특정한 양의 담배를 피우는 흡연자의 평균수명을 비흡연자의 평균수명과 비교하면 담배 한 개비가 초래하는 평균 마이크로라이프의 손실값을 계산할 수 있다. 그러나 어떤 사람들은 하루에 담배를 20개비씩 피우고도 90세까지 살기도 한다.

마이크로모트를 이용해 급성 위험을 계산하는 것과 마이크로라이프를 이용해 만성 위험을 계산하는 것 사이의 중대한 차이는, 마이크로라이프의 손실값은 누적되는 데 반해 마이크로모트의 위험은 생존에 성공할 때마다 0으로 재조정된다는 데 있다.

한 생명의 가치는 얼마일까?

———

각국 정부는 구할 수 있는 생명의 수를 기초로 사회 안전망에 비용을 투자할지 말지를 결정한다. 그들은 '통계적 생명 가치(value of a statistical life, VSL)' 또는 '사망자 예방 가치(value for preventing a fatality, VPF)'라는 수치를 사용해 서로 다른 생명 구호 조치들의 경제적 가치를 평가한다.

2020년 기준 영국에서는 도로를 개선할 때 구할 수 있는 한 생명의 가치를 180만 파운드로 본다. 따라서 영국의 1마이크로라이프는 1.8파운드다. 미국에서는 생명의 가치를 좀 더 높게 평가해, 미국 운수성(Department Of Transportation)에서는 VSL을 1,160만 달러, 마이크로라이프를 11.6달러로 책정하고 있다.

모든 일에는 위험이 따른다

위험률을 평가하는 또 다른 방법으로는 평상시의 기본 위험과 비교하는 방법이 있다. 행글라이딩 사고로 사망할 확률은 한 번 비행할 때마다 약 116,000분의 1이다. 30세의 미국인 남성이 어느 평범한 날에 사망할 확률은 240,000분의 1이므로, 그가 행글라이딩을 한 번 하게 된다면 사망 위험이 세 배가 된다(기존의 위험이 새로운 위험으로 대체되는 것이 아니라, 기존의 위험에 새로운 위험이 추가된다).

위험률을 표현하는 또 다른 방법은 사망하기까지 얼마나 지속적으로 특정한 행동을 해야 하는지를 보여 주는 것, 즉 특정 활동의 한 회별 위험을 계산하는 방법이다. 행글라이딩 1회의 사망 위험이 116,000분의 1이라면 이는 행글라이딩을 116,000번 할 경우 어느 시점에서 사망할 확률이 대단히 높아진다는 뜻이 된다(물론 116,000번째가 아니라 세 번째나 169번째 비행에서 사망할 수도 있다). 그러나 평균적으로 볼 때는 이 말이 맞지만, 특정한 사람을 놓고 볼 경우에는 확률이 달라질 수 있다. 여러 다른 요소들이 작용하기 때문이다.

행글라이딩 초보자들은 비행이 능숙하지 않아서 더 위험할 수 있다. 또 숙련된 사람은 그들 나름대로 안일하게 생각하다가 더 큰 위험을 초래할 수도 있다. 사람마다 숙련도가 다른 만큼 그에 따른 위험률도 높거나 낮아진다.

위험의 지역 차이

보험회사들은 범죄 위험이나 사고 위험을 전체 인구 대비 평균 발생률로 계산해 좀 더 정확하게 평가하려고 애쓴다. 그들은 복잡한 계산을 통해 누가 다른 사람에 비해 위험률이 더 높은지를 분석한다. 그리고 그 결과는 가입자의 주소지에 따라 주택화재보험 등의 보험료 액수에 영향을 미치게 된다.

특정 지역에 가택 침입 사건이 빈번하게 일어나면 보험회사는 해당 주소지에 가택 침입 위험이 높다고 보고 가입자에게 그만큼 더 높은 보험료를 책정한다.

— 233
22 정말 감수할 만한 위험일까

위험의 증가와 감소

위험률을 제시하는 일반적인 방식은 양이나 백분율을 비교하여 보여 주는 것이다. 이 방법은 매우 설득력 있게 보이지만, 절대적인 수치가 제시되지 않을 때는 오해하기가 쉽다. 예를 들어 "특정 건강 보조제를 섭취하면 발톱암에 걸릴 위험이 절반으로 줄어든다"라는 문구를 보면 그 보조제가 아주 좋은 제품인 것처럼 여겨진다. 그러나 발톱암에 걸릴 확률이 고작 2,000만 분의 1이라면 그 위험을 절반인 4,000만 분의 1로 줄이기 위해 건강 보조제 구입 비용을 들일 필요는 없어 보인다. 일반적으로 사람이 발톱암에 걸릴 가능성보다 건강 보조제를 사러 가다가 사고당할 가능성이 더 크다.

어떤 위험은 우리가 바라는 만큼 정확하게 측정하기가 불가능하다. 이전의 경험을 근거로 당신이 교통사고로 사망할 위험을 예측하고자 한다면 그 가능성은 0일 것이다. 그동안 오랫동안 도로를 누비고 다녔지만 당신이 교통사고로 사망한 적은 없기 때문이다.

위험을 잘못 이해하는 경우가 크게 두 가지 있는데, 그 대표적인 예는 다음과 같다.

- "내가 이걸 오래 해 왔는데 한 번도 잘못된 적이 없었어. 그러니까 앞으로도 아무 문제 없을 거야."
- "지금까지 당신은 운이 좋았어. 그러니 이제 당신의 운은 다한 거야."

수학의 발견 수학의 발명

첫 번째 말은 일종의 어설픈 베이즈식 판단이다. 통계적 위험을 모를 때 우리는 이전의 경험을 근거로 판단한다. 하지만 그것은 좋은 생각이 아니며, 특히 사망 위험을 다룰 때는 더더욱 그렇다. 당신이 사망하지 않은 것을 보면 물론 과거에는 문제가 없었을 것이다. 당신이 사망하지 않았던 이전의 사건들을 근거로 들면 그 어떤 무분별한 행동도 다 정당화할 수가 있게 된다. 과거에 위험한 일을 했는데도 한 번도 죽은 적이 없으니 말이다. 그러나 지난번에 죽지 않았으므로 이번에도 죽지 않을 거라고 볼 수도 있겠지만, 반대로 지난번에 죽지 않았기 때문에 지금 죽을 확률이 높다고도 볼 수 있다.

두 번째 말 역시 많은 경우 잘못 활용되고 있다. 특정한 수가 지금까지 나오지 않았기 때문에 조만간 그 수가 나올 것이라 믿고 같은 수에 계속 베팅하는 도박자의 사례가 여기에 해당한다. 하지만 상황은 그렇게 전개되지 않는다. 과거에 특정한 숫자가 나왔든 나오지 않았든 매번 그 숫자가 나올 확률은 동일하다. 주사위를 던져서 6이 나올 확률은 6분의 1이다. 이번에 주사위를 던져서 6이 나왔어도 다음번에 6이 나올 확률은 여전히 6분의 1이다. 요컨대 독립적인 위험들의 경우, 누군가가 그동안 특정 위험을 모면해 왔다는 사실이 앞으로도 계속해서 같은 위험을 모면할 것이라는, 또는 모면하지 못할 것이라는 뜻이 될 수는 없다.

23

자연은 수학을 얼마나
알고 있을까

자연계는 셈을 할 줄 아는 걸까?

중세 이탈리아 수학자 피보나치는 자연계의 수많은 현상 이면에 특정한 수열이 존재한다는 사실을 발견했다. 그는 토끼의 번식을 예로 들어 이 수열을 설명했다.

피보나치는 '피보나치 수열'을 통해 자연의 수학적 패턴을 밝혀냈다. 이 수열은 토끼의 번식 등 자연의 다양한 현상에서 전개된다.

토끼의 번식

피보나치는 수학 문제 하나를 파고들었는데, 인도 수학에서는 수백 년 전부터 알려져 왔지만 유럽에서는 당시만 해도 생소한 것이었다. 그 문제는 다음과 같다.

어느 들판에 토끼 두 마리가 있다면, 이상적인 조건이라고 가정할 때 그 수가 어떻게 증가할까? 이상적인 조건이란 다음을 말한다.

- 토끼 두 마리는 성별이 다르고, 번식 적령기에 있으며, 서로에게 끌리고, 건강하며, 번식 능력이 있다.
- 암컷 토끼는 성숙해진 뒤 매달 암컷 한 마리와 수컷 한 마리, 총 두 마리의 새끼를 낳는다.
- 임신 후 새끼가 태어날 때까지는 한 달이 걸리고, 그 새끼가 다시 성숙할 때까지는 또 한 달이 걸린다.
- 어떤 토끼도 죽지 않는다.

마지막 항목은 이상적인 조건을 지나치게 밀어붙인 면이 없지 않지만, 거기까지는 신경 쓰지 말자. 800년 전의 일을 이제 와서 따지기에는 너무 늦었으니까.

이렇게 해서 토끼 두 마리를 들판에 풀어놓으면 토끼들은 본래의 습성대로 번식을 시작한다. 한 달이 지났을 때 아직은 처음 있던 한 쌍 그대로지만, 곧 첫 번째 새끼들을 낳을 예정이다.

다음 달 말에는 두 쌍이 존재한다. 처음의 한 쌍과 이제 갓 성숙해진 새끼들 한 쌍이다. 처음의 한 쌍은 또 다른 쌍의 새끼를 가지고, 두 번째 쌍도 번식 활동에 들어간다.

그다음 달에는 세 쌍이 있다. 원래의 쌍과 첫 번째 새끼들, 두 번째 새끼들 쌍이다.

다음 달에는 원래의 쌍과 첫 번째 새끼들 쌍 모두가 각자 새끼를 낳는다. 두 번째 새끼들 쌍은 번식 준비에 들어간다. 토끼들의 쌍은 다음 그림과 같이 증가한다.

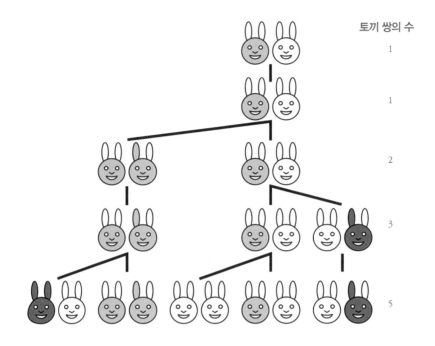

이런 식으로 이어지면 매달 늘어나는 토끼 쌍의 수는 다음의 패턴을 따르게 된다.

1, 1, 2, 3, 5, 8, 13, 21, 34···

처음에는 이 숫자들이 별다른 특이점 없이 이어지는 것 같다. 당장은 뚜렷한 패턴이 보이지 않을 수도 있지만, 자세히 살펴보면 패턴을 찾을 수 있다. 그것은 바로 이 수열에서 앞선 두 숫자를 합하면 바로 다음의 숫자가 나오는 패턴이다.

$$1+1=2$$
$$1+2=3$$
$$2+3=5$$
$$3+5=8$$
$$5+8=13$$
$$8+13=21$$

이런 식으로 이어지는 수열을 '피보나치 수열'이라고 한다.

n번째 피보나치 수를 $F(n)$이라고 할 때 피보나치 수를 찾는 식은 다음과 같다.

$$F(n)=F(n-1)+F(n-2)$$

수열상의 수를 넣어 계산해 보면 이 식이 맞는지 확인할 수 있다.

수열 중 여덟 번째 수를 예로 들어 보자.

$$F(8)=F(7)+F(6)$$
$$21=13+8$$

횟수가 거듭될수록 숫자들 사이의 간격은 점점 더 벌어진다.

$$F(38)=39,088,169$$

$$F(39) = 63,245,986$$

따라서 40번째 수는 다음과 같다.

$$F(40) = 39,088,169 + 63,245,986 = 102,334,155$$

숫자가 순식간에 커져서 F(20,000,000)는 400만 자릿수가 넘는다.

피보나치가 처음 두 마리 토끼를 800년 전에 들판에 풀어놓았다고 가정할 때 토끼들의 나이가 800살이라는 사실만 눈감아 준다면 800×12＝9,600, 즉 9,600개월 동안 토끼들이 번식했을 것이다. F(9,600)은 2,000 자릿수 이상이므로 $10^{2,000}$보다 크다. 이는 곧 지금은 토끼의 수가 1구골[20] 쌍을 넘어서, 우주 안에 존재하는 원자의 수보다 훨씬 많아졌다는 뜻이 된다.

꿀벌 유전자의 피보나치 수열

토끼의 예시는 가설적인 측면이 많지만, 실제로 피보나치 수열이 좀 더 정확하게 나타나는 종이 있다. 바로 꿀벌이다.

꿀벌의 유전자를 살펴보면 각각의 꿀벌을 낳은 조상들의 수에서 피보나치 수열이 나타난다. 암컷 꿀벌은 부모가 암컷과 수컷, 이렇게 둘이다. 반면에 수컷 꿀벌은 수정되지 않은 알에서 태어나기 때문에 부모가 암컷 하나뿐이다. 따라서 수컷 한 마리에서 시작하여 가계도를 그려 보면 다음 그림과 같이 나타난다.

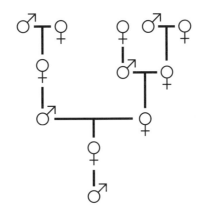

조상의 수를 합산하면 다음 표와 같다.

	부모	조부모	증조부모	고조부모	현조부모
수컷 꿀벌	1	2	3	5	8
암컷 꿀벌	2	3	5	8	13

암컷 꿀벌이 좀 더 유리한 위치에서 시작하긴 하지만, 피보나치 수열에서 볼 때는 한 걸음 더 앞선 것일 뿐이며, 궁극적으로 숫자는 같아진다.

가지 뻗기

식물의 잎이나 가지가 자라는 패턴도 피보나치 수열을 따르는 경우가 많다. 나뭇가지가 왜 이런 패턴을 따라 자라는지 이해하기는 어렵지 않다. 각각의 순이 곁순을 내고 이후에는 그 곁순이 다시 새로운 곁순을 내는 식으로 뻗어 나가기 때문이다.

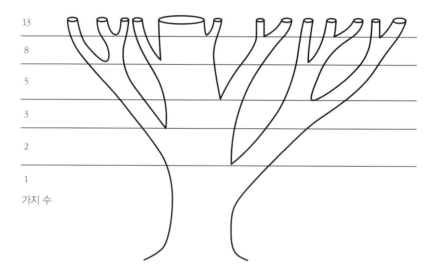

꽃잎의 개수도 피보나치 수열로 이루어져 있으며, 대다수 과일의 단면도 피보나치 수로 분할된다(바나나는 세 쪽, 사과는 다섯 쪽). 피보나치 수열은 심지어 우리 몸에서도 나타나는데, 손가락뼈 길이의 비율이 그 예다.

24

완벽한 모양이
세상에 존재할까

자연계는 온갖 희한한 모양들로 가득 차 있다. 그중에는 꽤 우아한 것도 있다.

피보나치 수열과 프랙털은 언뜻 보기에는 혼란스러워 보인다. 하지만 그 패턴에는 정교한 규칙이 담겨 있다. 숨어 있는 수학적 패턴은 다른 모양에서도 찾아볼 수 있다.

직사각형과 나선

다음 연습 문제에서 패턴을 이루는 숫자들을 찾아보자. 우선 한 변이 1센티미터인 정사각형을 하나 그린다(다른 단위를 써도 상관없다). 이와 동일한 정사각형을 기존의 정사각형 옆에 나란히 붙여서 그린다. 이번에는 두 정사각형의 이어진 변들을 한 변으로 하는 새로운 정사각형을 그린다(이 정사각형의 한 변의 길이는 2센티미터다). 그리고 다시 새로 생긴 정사각형과 기존의 정사각형이 이어진 변들을 합쳐 한 변이 3센티미터인 정사각형을 그린다. 종이에 빈 공간이 없어질 때까지 또는 지칠 때까지 계속해서 정사각형을 그려 나간다.

증가하는 변의 길이에서 무엇이 보이는가?

1, 1, 2, 3, 5, 8, 13…

여기서도 피보나치 수열을 찾을 수 있다.

이제 정사각형의 대각선 꼭짓점들을 차례로 통과하는 곡선을 이어 나선을 그린다. 이 모양을 '황금나선(golden spiral)'이라고 하는데, 많은 식물의 잎들이 줄기를 따라 황금

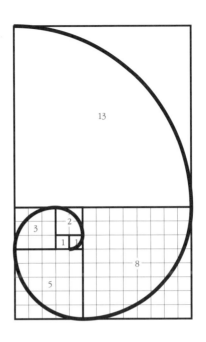

나선형을 이루며 서로 다른 각도로 자란다. 한 식물의 줄기에서 나온 잎의 배열을 '잎차례(phyllotaxy)'라고 하며, 식물학자들은 이 잎차례에 관심이 많다.

아래쪽에 난 잎에서 수직으로 동일 선상에 있는 위쪽 잎까지 줄기를 몇 번 돌아가며 도달했는지 세면 그 회전 수에서 피보나치 수열이 보이고, 두 잎 사이에 속한 잎의 수에서도 피보나치 수열이 보인다(왼쪽 그림 참조). 이 패턴을

따르면 어느 잎이든 햇빛을 최대한으로 받을 수 있다. 이런 패턴이 광범위하게 나타나는 이유다. 잎들 사이의 각도는 대개 137.5도에 가깝다.

빙글빙글 돌아가는 나선

황금나선은 여러 개가 서로 얽혀서 나타날 때가 많다. 해바라기 같은 두상화(꽃대 끝에 여러 개의 꽃이 모여서 하나의 큰 꽃처럼 보이는 꽃)의 씨앗은 주로 포개진 형태의 황금나선형으로 배열되어 있고, 솔방울의 비늘 모양 과린은 맞물린 형태의 황금나선형으로 배열되어 있다. 해바라기 씨앗의 경우 서로 다른 방향(시계방향과 반시계방향)으로 진행하는 나선들에서 피보나치 수열이 보이며, 씨앗의 총개수 역시 피보나치의 수열 중 하나다. 황금나선형은 공간을 최대한 압축적으로 활용할 수 있는 배열로, 해바라기는 이런 식으로 둥그런 원반에 들어갈 씨앗의 수를 최적화한다.

세상에서 가장 똑똑한 식물은 아마 파인애플일 것이다. 파인애플의 몸통은 육각형 모양의 과린들로 뒤덮여 있으며, 각각의 과린은 서로 다른 세

나선에 속해 있다. 완만한 경사의 나선이 8줄, 가파른 경사의 나선이 13줄, 거의 수직인 나선이 21줄이다.

파인애플의 잎은 또 다른 피보나치 수열을 따른다. 줄기를 따라 난 잎들이 나선형으로 다섯 번 회전할 때마다 처음의 잎과 수직으로 배열된 잎이 나온다. 그 사이에 속한 잎은 13장이다. 이는 파인애플이 서로 다른 호르몬의 지배를 받는 두 가지 황금나선형을 지니고 있으며, 열매를 맺을 시기가 되면 적절한 쪽으로 전환한다는 뜻이다.

황금사각형

직사각형은 짧고 통통한 직사각형, 길쭉하고 가느다란 직사각형, 그리고 '황금사각형(golden rectangle)'이라고 불리는 우아한 모양의 직사각형 등 다양한 종류가 있다. 황금사각형의 서로 다른 두 변은 약 1:1.61803의 비율을 이룬다. 1.61803…이라는 숫자는 무리수(소수점 이하로 계속해서 이어지는 수)이며, 그리스 문자 Φ(파이)로 표시한다.

파이는 아무렇게나 뽑힌 무리수가 아니고, 기원전 300년경 유클리드에 의해 최초로 정의된 수다. 서로 다른 길이로 잘린 선을 상상해 보자. 이 두 선은 황금비라고 하는 특별한 비율을 이루고 있으며, 짧은 선과 긴 선의 비율이 긴 선과 전체 선의 비율과 같은 상태다.

수학적으로는 하나의 선을 a와 b 두 부분으로 나눈다고 상상하면 된다. 선 전체의 길이는 당연히 $a+b$다. 이 선이 황금비를 이루려면 $b : a$가 $a :$

24 완벽한 모양이 세상에 존재할까

$a+b$와 같아야 한다.

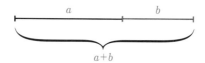

즉, $a+b$와 a의 관계는 a와 b의 관계와 같다.
그리고 다음과 같은 식으로 쓸 수 있다.

$$\frac{a+b}{a} = \frac{a}{b} = \Phi$$

이를 풀어 보면 다음의 비율이 나온다.

$$b : a = 1 : \frac{1+\sqrt{5}}{2}$$

'황금분할이란 한 선분을 전체 선분과 긴 선분의 비가 긴 선분과 짧은 선분의 비와 같도록 나누는 것이다.'

유클리드, 《원론》

잘라내도 비율은 황금비

황금비로 만들어지는 황금사각형에는 신기한 특징이 있다. 오른쪽 그림과 같은 황금사각형이 있을 때, 두 변이 a인 정사각형을 잘라내면 두 변이 b와 a로 이루어진 또 다른 황금사각형이 남는다. 남은 직

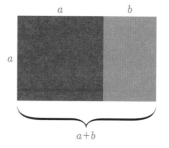

사각형의 두 변이 이루는 비율은 역시나 1 : Φ다. 이런 식으로 계속하면 점점 더 작은 황금사각형을 만들 수 있다.

　황금사각형은 일반적으로 가장 보기 좋은 비율을 가진 것으로 여겨진다. 황금사각형은 우리 몸을 비롯한 자연계에서 아주 흔하게 발견되며, 수천 년 동안 예술 조형물이나 건축 구조물에 활용되어 왔다.

자연계가 선호하는 황금비

　황금나선과 황금비, 황금사각형에는 모종의 연관성이 있지 않을까 하는 궁금증이 들 것이다. 당연히 연관성이 있다. 특정 피보나치 수를 분모로 하고 분자를 1로 하는 분수를 바로 앞의 피보나치 수를 분모로 하고 분자를 1로 하는 분수로 나누면, 처음엔 경향성이 뚜렷하게 보이지 않지만 점차 결괏값이 Φ에 가까워지는 걸 알 수 있다.

$$\frac{1}{2} \div \frac{1}{3} = 1.5$$

$$\frac{1}{3} \div \frac{1}{5} = 1.667$$

더 큰 피보나치 수로 올라갈수록 결과는 Φ에 더 가까워진다.

$$102,334,155 \div 63,245,986 = 1.61803$$

24 완벽한 모양이 세상에 존재할까

Φ의 계산

먼저 $\dfrac{a+b}{a}$ 부터 시작한다.

우리는 이것이 $\dfrac{a}{b}$ 와 같다는 것을 알고 있으며, 이는 Φ와도 같다.

만약 $\dfrac{a}{b}=$Φ라면 $\dfrac{b}{a}=\dfrac{1}{\Phi}$ 이 된다. 그렇다면 원래의 식을 다음과 같이 단순화할 수 있다.

$$\frac{a+b}{a}=1+\frac{b}{a}=1+\frac{1}{\Phi}$$

따라서 다음과 같다.

$$1+\frac{1}{\Phi}=\Phi$$

양변에 Φ를 곱하면 다음과 같다.

$$\Phi+1=\Phi^2$$

이항을 하면 다음과 같다.

$$\Phi^2-\Phi-1=0$$

위의 식은 이차방정식이므로 Φ를 구하기 위해 근의 공식을 활용할 수 있다.

$$ax^2+bx+c=0 \Rightarrow x=\frac{-b\pm\sqrt{b^2-4ac}}{2a}$$

(이 식에서 $a=1$, $b=-1$, $c=-1$)

양수들 사이의 비율이므로 Φ는 양수여야 한다. 따라서 답은 다음과 같다.

$$\Phi=\frac{1+\sqrt{5}}{2}=1.6180339887\cdots$$

수학의 발견 수학의 발명

놀라운 점은 이뿐만이 아니다. 방향을 바꿔서 특정 피보나치 수를 분모로 하고 분자를 1로 하는 분수를 다음번 피보나치 수를 분모로 하고 분자를 1로 하는 분수로 나누면 그 결괏값은 $\Phi - 1$을 향해 수렴한다. $\frac{1}{\Phi} = \Phi - 1$ 이기 때문이다.

$$63,245,987 \div 102,334,155 = 0.61803$$

Φ의 소수 부분인 이 수는 Φ의 소문자인 φ로 표시하기도 한다. 이런 수학적 패턴을 보면 자연계가 특별히 더 선호하는 패턴이 있다는 걸 알 수 있다.

24 완벽한 모양이 세상에 존재할까

25

수를 통제할 수 있을까

수는 우리가 예상치 못할 정도로 순식간에 불어날 수 있다.

인도에 전해 내려오는 전설이 하나 있다. 옛날 인도의 왕이 체스 게임에 크게 만족해 체스를 발명한 남자에게 어떤 보상을 바라는지 말해 보라고 했다. 발명가는 아주 소박해 보이는 부탁을 했다. 체스판 64개 칸을 기준으로 첫 번째 칸에는 쌀알 한 톨을, 두 번째 칸에는 두 톨을, 세 번째 칸에는 네 톨을 놓는 식으로 체스판 한 칸을 나아갈 때마다 쌀의 양을 두 배로 늘려서 달라는 요청이었다. 왕은 남자가 왜 그토록 하찮은 소망을 말하는지 의아했지만, 흔쾌히 수락했다. 그러나 막상 남자의 말을 실행에 옮기고 보니 예상했던 것과 전혀 달랐다.

쌀알 더미는 금세 칸 밖으로 삐져 나가고 어느새 체스판 밖으로 흘러넘치더니 급기야 궁전 전체를 넘어 인도 땅 전역을 뒤덮었다. 체스판의 마지막 칸에서는 2^{63}에 해당하는 쌀알이 필요했다. 2^{63}은 2를 63번 곱한 수로, 대략 9,200,000,000,000,000,000에 이른다. 정확히 얼마만큼의 공간을 차지하는지는 쌀의 품종에 따라 달라진다. 만약 길이가 7밀리미터 정도 되는 길쭉한 쌀알을 사용한다면, 쌀알을 일렬로 늘어놓았을 때 거의 7광년만큼의 거리를 갈 수 있다. 이는 켄타우로스자리 알파별까지 다녀오거나 태양까지 215,000번을 왕복할 수 있는 거리다.

일정한 비율로 증가한다는 건?

일정한 양만큼 증가할 때보다 일정한 비율로 증가할 때 수는 급격하게 증가한다. 미국 이스턴워싱턴대학교 도시계획과 교수인 가보 조바니(Gabor Zovanyi)는 다음과 같이 주장했다. 1만 년 전에 한 쌍으로 시작한 인류가 매년 1퍼센트씩 증가했다면 지금쯤 우리는 지름이 수천 광년은 되는 거대한 살덩어리 속에 파묻혀 상대성 이론조차 무시한 채 빛의 속도보다 몇 배나 더 빠른 속도로 팽창하고 있을 것이라고 말이다. 생각만 해도 끔찍하다. 피보나치 수열을 따르는 토끼 쌍의 증가 역시 기하급수적 인구 증가의 또 다른 사례로, 이 경우엔 살덩어리로 뭉쳐지는 단계에 훨씬 더 빨리 도달하게 된다.

자기실현적 예언
———

'무어의 법칙(Moore's law)'은 인텔(Intel)의 공동 창립자이자 미국의 물리학자 고든 무어(Gordon Moore)의 이름을 딴 것으로, 반도체 집적회로의 성능이 2년마다 두 배로 증가할 것이라는 무어의 예측을 바탕으로 만들어졌다. 여기에는 컴퓨터의 처리 능력이 2년마다 두 배로 늘어날 것이라는 뜻이 담겨 있다.

1965년에 발표된 이 법칙은 지금도 유효하다. 업계에서 그 법칙을 도전과제로 받아들여 목표를 달성하고자 매진했기 때문이다. 하지만 무어 자신은 그 법칙이 10년 이상 유효하리라고 기대하지 않았다.

조상의 수와 인구의 역설

인구에 대한 또 다른 이야기를 해 보자.

누구나 두 명의 부모와 네 명의 조부모, 여덟 명의 증조부모 등으로 시간을 거슬러 올라가며 점점 더 많은 수의 조상을 갖게 된다. 조상의 수가 2의 제곱수로 늘어나기 때문에, 얼마 지나지 않아 우리는 조상들이 살았던 시절에 지구상에 있었던 사람들보다 더 많은 조상을 갖게 된다. 한 세대를 20년이라고 가정하면(지금은 좀 짧다고 느껴지지만 과거에는 그렇지 않았다) 1375년쯤으로만 돌아가더라도 40억 명이 넘는 조상이 생긴다. 그러나 1375년에 전 세계 인구는 약 3억 8,000만 명밖에 되지 않았다.

1450년경에는 현대인들이 각자 조상을 한 번씩 가질 수 있을 만큼의 사람들이 있었지만(물론 실제로 그랬다는 건 아니다), 1375년까지 거슬러 올라가면 조상들이 서로 중복되었다. 다시 말해 그들은 내 조상이면서 동시에 당신 이웃의 조상이기도 했다.

내 조상은 누구?

조상이 중복되면 점점 더 복잡한 관계망이 형성된다. 이를 '혈통 붕괴(pedigree collapse)'라고 하는데, 이런 현상은 사촌끼리 결혼하여 그들의 자녀의 증조부모가 여덟 명 미만이 될 때 발생한다. 혈통 붕괴는 작은 지역사회나 왕족 등의 엘리트 집단에서 빈번하게 일어난다.

미국의 예일대학교 통계학과 교수인 조지프 창(Joseph Chang)은 특정 시점이 지나면 그 시점에 살았던 사람 중 자손을 두었던 모든 사람이 현재 같은 지역에 사는 모든 사람들의 공통 조상이 된다고 보았다. 유럽의 경우는 그 시점이 서기 600년경이다. 이는 곧 현재의 모든 비이민 유럽인들이 서로마제국 샤를마뉴(Charlemagne) 대제 및 그 외 많은 사람들의 후손이라는 뜻이다. 이후 그의 통계적 발견은 유럽인들을 대상으로 한 광범위한 DNA 분석으로 검증되었다.

고대 이집트의 네페르티티 왕비는 3,400년 전 '혈통 붕괴' 현상으로 인해 현재 지구상에 살고 있는 모든 사람과 혈연으로 연결될 수 있다.

더 거슬러 올라가 3,400년 전으로 가면, 당시에 자손을 두었던 모든 사람이 현재 지구상에 살고 있는 모든 사람의 공통 조상이 된다. 다시 말해, 당신과 고대 이집트의 네페르티티 왕비가 혈연관계를 갖게 된다는 뜻이다.

복리의 마법

수를 순식간에 크게 불리기 위해 두 배씩 증가시켜야 할 필요는 없다. 이자율에서 보듯이 작은 비율로도 수는 꽤 빠르게 증가한다. 저축하는 입장일 때는 유리하게 작용하고, 대출받는 입장일 때는 불리하게 작용한다. 은행과 금융기관들은 복리 제도를 활용한다. 복리란 대출이나 저축에 대한 이자가 정해진 기한(일, 월, 년)의 말미에 원금에 추가된 다음 그 전체 금액에 다시 이율이 적용된다는 뜻이다. 연이율 3퍼센트로 1,000달러를 저축했다고 할 경우 저축액은 얼마나 빨리 증가할까? 다음 표와 같다.

	기초 잔고	이자	기말 잔액
1년	$1,000.00	$30.00	$1,030.00
2년	$1,030.00	$30.90	$1,060.90
3년	$1,060.90	$31.83	$1,092.73
4년	$1,092.73	$32.78	$1,125.51
5년	$1,125.51	$33.77	$1,159.27
6년	$1,159.27	$34.78	$1,194.05
7년	$1,194.05	$35.82	$1,229.87
8년	$1,229.87	$36.90	$1,266.77
9년	$1,266.77	$38.00	$1,304.77
10년	$1,304.77	$39.14	$1,343.92
...			
25년			$2,093.78

저축하거나 대출받을 때 이율이 그토록 중요한 이유는 이율이 바뀌면 이 수치에 엄청난 변동이 생기기 때문이다.

자본금	이율	10년	25년
$1,000	1%	$1,104.62	$1,282.43
$1,000	3%	$1,343.92	$2,093.78
$1,000	5%	$1,628.89	$3,386.35
$1,000	8%	$2,158.92	$6,848.48
$1,000	10%	$2,593.74	$10,834.71

첫 1년의 이자 수익은 마지막 1년의 이자 수익과 비교했을 때 가치가 낮다. 그러나 이율이 10퍼센트일 때 처음 10년 동안은 이자 수익이 1,593.74

달러지만, 이후 15년 뒤의 이자 수익은 그 액수의 1.5배가 아니라 약 5배인 8,240.97달러가 된다. 이것이 바로 연금에 일찍 가입하라고 권하는 이유다.

연금 속 이자

스무 살 때 연금을 일시납으로 1,000달러를 넣어 놓고 45년 뒤에 은퇴한다면 이율이 3퍼센트일 경우 은퇴할 때 받게 되는 금액은 3,781.60달러다. 그러나 매년 1,000달러씩 45년간 납부하고 이율이 똑같이 3퍼센트라면 은퇴할 때 받게 되는 돈은 95,501.46달러가 된다. 만약 이율이 10퍼센트일 경우에는 금액이 790,795.32달러로 크게 증가한다. 투자 총액이 45,000달러라는 점을 생각하면 꽤 괜찮은 액수다.

작은 빚이 불러오는 큰 이자

이런 식으로 돈을 모을 수 있다면 참 좋은 일이다. 그러나 경제적으로 어려운 상황이라면 어떨까? 만약 당신이 단기 대출업체나 고리대금 업자에게 돈을 빌리게 된다면 훗날 천문학적인 이자를 물게 될 수도 있다. 이번에는 총액이 당신에게 불리하게 작용하기 때문이다.

예를 들어, 400달러를 하루 0.78퍼센트의 이율로 30일간 빌린다면 한 달 뒤 갚아야 할 돈은 493.60달러가 된다. 원금 400달러에 93.60달러의 이자가 붙은 금액이다. 이처럼 이자액이 큰 이유는 매력적으로 보였던 0.78퍼센트의 이율이 매일 부과되어 원리금이 커지기 때문이다. 연이율로 따지면 284퍼센트에 달하는 이율이다.

친구에게 일주일간 50달러를 빌리고 대신 커피 한 잔을 사 주기로 했다면 괜찮은 거래일까? 단기 대출은 피했지만 커피 한 잔이 2달러라면 그 금액은 주당 4퍼센트 이율에 상응하는 금액이다. 연이율로는 무려 208퍼센트 이율인 셈이다. 반면에 50달러를 은행에서 연이율 10퍼센트로 일주일간 빌린다면 이자액은 약 0.1달러, 즉 10센트밖에 되지 않는다.

26

포도주 통의 부피는
어떻게 잴까

수학에서 가장 중요한 도구 중 하나는 자신이 술을 얼마나 마셨는지 염려하던 한 독일인이 개발하였다.

1613년, 독일의 천문학자이자 수학자였던 요하네스 케플러(Johannes Kepler)는 자신의 결혼식 축하연에 쓸 포도주 한 통을 주문했다. 꼼꼼한 성격의 케플러는 포도주 상인에게 포도주 통의 부피를 어떻게 측정하여 가격을 매겼는지 물었다. 상인은 포도주 통을 옆으로 눕히고는 마개 구멍에 막대기를 넣어 막대기가 통 안으로 들어간 만큼의 길이를 쟀다. 그 길이는 통에서 가장 불룩한 부분의 지름이었다. 통은 양쪽 끝으로 갈수록 좁아지기 때문에 통의 가장 넓은 단면에 높이를 곱해 계산한 부피는 실제 부피보다 더 많게 측정될 수밖에 없었다. 실제로 받지도 않은 포도줏값을 지불하거나 지불한 액수만큼의 포도주를 받지 못하는 게 싫었던 케플러는 통의 부피를 잴 수 있는 더 나은 방법을 찾기 시작했다.

얇디얇은 조각들

케플러가 생각해 낸 방법은 '무한소'다. 케플러는 포도주 통을 아주 얇은 조각들로 잘라서 위로 쌓아 올린다고 상상했다.

여기서 각각의 조각은 높이가 아주 낮은 원통형이다. 이 원통형 조각들은 단면이 저마다 다르며, 통의 가운데 부분의 조각이 양쪽 끝부분의 조각들보다 크다. 물론 원통마다 여전히 옆면은 경사져 있고, 한쪽의 둥근 면이 반대쪽 면보다 아주 약간 크게 마련이다. 그러나 조각들을 아주 얇게

수학의 발견 수학의 발명

잘랐으므로 둘 사이의 차이는 크지 않을뿐더러 아주 얇게만 자른다면 그 차이는 무시해도 좋을 만큼 작다.

미분학의 탄생

케플러의 방식은 얼마 지나지 않아 아이작 뉴턴과 고트프리트 라이프니츠가 고안한 미분학에 의해 대체되었다.

뉴턴과 라이프니츠는 포도주보다는 선이나 곡선의 기울기에 더 관심을 가졌다. 그들 역시 출발점은 무한소였다. 곡선의 기울기는 계속해서 변화하지만, 곡선을 잘게 자른 한 부분의 기울기를 계산하면 특정 구간의 기울기를 구할 수 있다. 아래 그림에서 a와 b 사이의 간격을 짧게 잡으면 잡을수록 a 지점의 기울기를 더 정확하게 구할 수 있다.

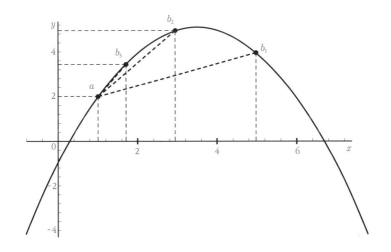

26 포도주 통의 부피는 어떻게 잴까

간단한 함수 $f(x)=2x$를 예로 들어 보자. $y=f(x)$일 때 이 함수의 그래프는 직선으로 나타난다(그림 1 참조).

기울기는 전체적으로 동일하며 여기에서 기울기는 1분의 2, 즉 2다. x축(가로축)의 값이 1만큼 증가할 때마다 y축(수직축)의 값이 2만큼 증가하기 때문이다. $y=2x$의 그래프가 된다.

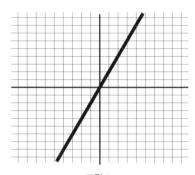

그림 1

상수를 추가하여 함수를 변경해도 기울기에는 변함이 없다. 함수 $f(x)=2x+3$의 그래프는 기울기는 동일하고 선의 위치만 다른 지점으로 이동할 뿐이다. 이번에는 $y=2x+3$이 되므로 선 전체가 y축으로 3만큼 올라간다(그림 2 참조). 이처럼 기울기 계산에서는 상수를 무시해도 좋다.

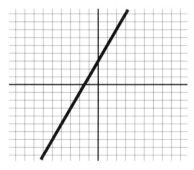

그림 2

다음으로 함수 $f(x)=x^2$의 그래프를 그려 보면 그래프가 포물선을 그리게 된다(그림 3 참조). 여기에서 기울기는 변화한다. 이 그래프의 기울기는 뉴턴과 라이프니츠가 발견한

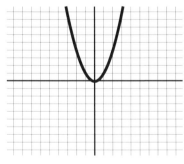

그림 3

수학의 발견 수학의 발명

대로 어느 지점에서든 $2x$다.

뉴턴과 라이프니츠는 $f(x)$ 그래프의 기울기를 구하는 다음의 방식, 즉 미분법을 발견했다.

(a) x가 있는 각 항에 자기 자신의 지수를 곱한다.

(b) 각 항마다 원래의 지수를 1만큼 낮춘다.

예를 들어서 설명하면 이해가 더 쉬울 것이다. 다음 함수를 보자.

$$f(x) = x^3 - x^2 + 4x - 9$$

x^3의 지수는 3이고, x^2의 지수는 2다.

위의 순서대로 하면 x^3은 $3x^2$이 된다(자기 자신의 지수 3을 곱하고 지수를 1만큼 낮추어서 지수가 2가 되기 때문이다).

x^2은 $2x$가 된다(자기 자신의 지수 2를 곱하고 지수를 1만큼 낮추어서 지수가 1이 되기 때문이다).

$4x$는 4가 된다(자기 자신의 지수 1을 곱하고 지수를 1만큼 낮추어서 지수가 0이 되고, x^0은 모든 경우에 1의 값만 가지게 되기 때문이다).

9는 사라진다. 상수(x 없이 그 자체로 존재하는 수)는 x의 지수가 없기 때문에 항상 사라진다.

이를 일반식으로 표현하면 x^n은 nx^{n-1}이 된다.

결국 $x^3 - x^2 + 4x - 9$는 다음과 같이 바뀐다.

$$f'(x) = 3x^2 - 2x + 4$$

정말 놀라운 결과다. 따라서 $f(x) = x^2$ 함수에서 $x = 3$인 지점에서의 기울기를 알고 싶으면 도함수의 x에 3을 대입하여 계산하면 된다.

$$f(x) = x^2$$
$$f'(x) = 2x$$

도함수의 x에 3을 대입하면 기울기는 2×3, 즉 6이다.

물론 하나의 지점은 사실 기울기를 가질 수 없다. 계산된 기울기는 그 지점의 곡선에 그린 접선의 기울기다.

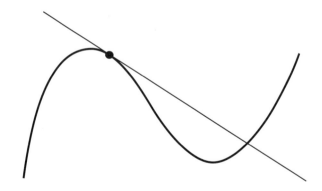

복잡한 함수에서도 방법은 같다.

$$f(x) = x^3 - x^2 + 4x - 9$$

함수

'함수'는 숫자를 입력하여 출력(결과)을 내는 작업이다. 함수는 '$f(x)$'와 같은 형식으로 나타내며 $f(x) =$ _____의 밑줄 부분에 지시 사항을 담는다. 따라서 함수 $f(x) = x^2$은 'x라는 숫자를 제곱하라'라는 뜻이며, 함수 $f(x) = 2x$는 'x라는 숫자를 2배 하라'라는 뜻이다.

이 함수의 도함수는 다음과 같다.

$$f'(x) = 3x^2 - 2x + 4$$

그렇다면 x가 2인 지점에서의 기울기는 $(3 \times 2^2) - (2 \times 2) + 4$, 즉 12다.

그래프의 기울기를 알면 유용한 정보를 얻을 수 있다. 가령 움직이는 물체에 대한 시간과 거리의 관계를 나타내는 그래프가 있을 때, 여기서의 기울기는 물체가 지나는 지점에서의 속도를 말해 준다. 비율이나 나눗셈으로 표현될 수 있는 함수에서는 그래프의 기울기에 중요한 정보가 담긴다. 예를 들어 시간에 따른 가격의 변화를 나타내는 그래프에서 기울기는 가격의 등락률을 나타낸다.

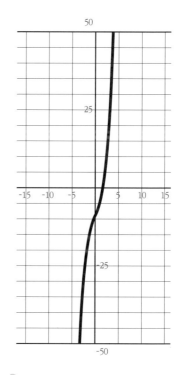

26 포도주 통의 부피는 어떻게 잴까

곡선 아래의 넓이

미분법으로 곡선의 기울기를 알 수 있다면, 적분법으로는 곡선 아래의 넓이를 계산할 수 있다. 곡선 아래쪽 부분을 무수히 많은 작은 기둥들로 분할한다고 상상해 보자. 이 직사각형 부분들을 전부 합치면 전체의 넓이를 대략 구할 수 있다.

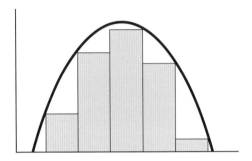

직사각형의 폭이 좁으면 좁을수록 넓이의 추정치는 더 정확해진다.

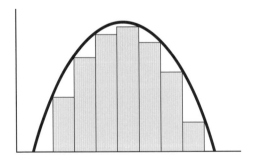

조각들을 무한히 가늘게 쪼갤 수만 있다면 정확한 넓이를 구할 수가 있

수학의 발견 수학의 발명

다. 그것이 바로 적분이 목표하는 바다. 적분은 미분의 반대다. 미분 결과를 다시 적분하면 원래의 함수를 얻게 된다(다소의 차이는 있다).

$$x^3 - x^2 + 4x - 9$$

위의 식을 미분하면 다음과 같다.

$$3x^2 - 2x + 4$$

이것을 다시 적분하면 다음과 같다.

$$x^3 - x^2 + 4x + c$$

여기서 c는 미지의 상수다. 미분이 되고 나면 본래 함수의 상수가 무엇이었는지를 알 수 없으므로 미지의 상수 c로 표시한다.

적분은 미분을 원상태로 되돌리는 것에 불과하다. 반(反)미분이라고 생

미분법

———

현재의 미분법을 아이작 뉴턴은 유율법(method of fluxions)이라고 불렀다. 어떤 함수를 미분한 결과는 도함수라고 하며, x에 대한 함수는 $f(x)$로 표기하고, 도함수는 $f'(x)$로 표기한다.

26 포도주 통의 부피는 어떻게 잴까

각하면 된다. x^n을 미분하면 nx^{n-1}이 되고, nx^{n-1}을 적분하면 x^n이 된다.

nx^{n-1}을 적분하고 싶으면 미분 과정을 거꾸로 하면 된다. 즉, 지수＋1로 나누고 지수를 1만큼 높인다. 그럼 다음과 같다.

$$\frac{nx^n}{n}$$

따라서 x의 적분은 $\dfrac{x^2}{2}$이며, x^2의 적분은 $\dfrac{x^3}{3}$이다. 적분은 '인티그럴(integral)'이라 부르는 기다란 S 모양($\int$)으로 표시한다.

예를 들어 '$3x^2 - 2x + 4$의 적분값을 구하라'라는 문제는 다음과 같다.

$$\int 3x^2 - 2x + 4 \, dx$$

마지막의 'dx'는 x에 대해 적분하라는 뜻이다.

함수에서 x 대신 t를 쓴다면 'dt'로 끝나며 다음과 같다.

$$\int 3t^2 - 2t + 4 \, dt$$

이제 적분을 해 보자.

$$\int 3x^2 - 2x + 4 \, dx$$

다음과 같은 답이 나온다. 상수도 다시 표시되었다.

$$x^3 - x^2 + 4x + c$$

그래프가 계속 이어질 수 있으므로 선 아래의 영역도 무한하다. 따라서 그래프의 어느 부분을 구하고자 하는지 특정하지 않으면 넓이를 계산할 수 없다. 넓이를 구하려면 서로 다른 x값 사이의 부분을 잘라 내야 한다.

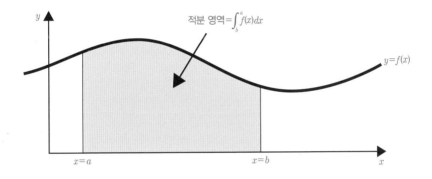

어느 부분을 사용할지 나타내기 위해서 적분 기호의 상단과 하단에는 상한과 하한(즉, 잘라 낼 지점들)을 표시한다.

$$\int_2^5 2x\,dx$$

이것은 '$f(x) = 2x$라는 함수에서 x값이 2인 지점과 5인 지점 사이의 구간을 적분하라'라는 뜻이다. 그래프로 그리면 다음과 같다.

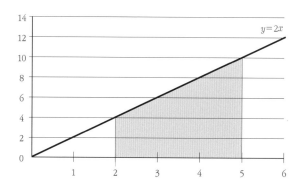

이 문제를 풀려면 '피적분 함수' y값을 알아야 한다.

$$\int 2x\,dx = x^2 + c$$

먼저 x에 5를 대입하여 풀고, 다음으로 x에 2를 대입하여 푼다. 여기에서 c는 계산에 영향을 주지 않는다.

x가 5일 때, $x^2 + c = 25 + c$

x가 2일 때, $x^2 + c = 4 + c$

이제 앞의 값에서 뒤의 값을 뺀다.

$$(25 + c) - (4 + c) = 21$$

그래프에서 표시된 구간의 넓이는 21이다.

수학의 발견 수학의 발명

아킬레우스와 거북, 그리고 미적분의 발전

아킬레우스와 거북의 역설을 기억하는가? 이 역설의 문제는 시간과 거리를 무수히 작은 부분들(무한소)로 쪼개는 데서 발생한다. 바로 이런 개념을 다루는 것이 미적분이다. 현실 세계에서는 선, 부피, 시간이 분할된 무한소들의 모임이 아닌 연속체로 이루어져 있다. 이런 불일치 문제에 대한 해결책은 19세기에 등장했다.

오귀스탱 루이 코시는 현대적 적분법을 확립하며 '아킬레우스와 거북의 역설'에 대한 해결의 기초를 마련했다.

1821년에 프랑스 수학자 오귀스탱 루이 코시(Augustin–Louis Cauchy)가 논리에 맞도록 적분법을 재구성하여 제시한 것이다. 보이지 않는 무한소들 사이의 간격 문제를 어떻게 해결할까 고심하는 대신 그는 애초에 그럴 필요가 없다고 주장했다. 수학은 자체의 법칙이며 현실을 모방할 필요도, 현실과 연관시킬 필요도 없다는 것이다.

실은 반대로 현실이 수학을 모방할 필요가 없다고 말하는 편이 더 적절할 것이다. 우리가 아는 현실은 연속성의 세계이고, 만약 수학이 현실을 만족스럽게 설명하지 못한다면 그것은 수학의 문제이지 현실의 문제는 아닐 테니까.

'미적분학은 신의 언어다.'

미국 물리학자 리처드 파인만
(Richard Feynman)

그렇게 해서 2,400여 년의 세월이 지난 후에야 비로소 아킬레우스는 거북을 따라잡게 되었다.

아킬레우스는 계속해서 거리를 좁혀 가다가, 결국 거북을 따라잡는 순간을 맞게 된다.

이미지 출처

게티이미지(Getty Images): 95, 99
123RF: 136, 167, 195, 198
셔터스톡(Shutterstock): 11, 21, 23, 27, 31, 33, 41, 44, 48, 49, 51, 63, 67, 69,
75, 77, 83, 85, 93, 101, 109, 112, 115, 123, 135, 143, 145, 147, 157, 169,
171, 173, 176, 179, 180, 184, 188, 189, 196, 199, 204, 209, 217, 219, 225,
237, 245, 255, 259, 263, 276

수학의 발견 수학의 발명

초판 1쇄 인쇄 2024년 12월 27일
초판 1쇄 발행 2025년 1월 3일

지은이 앤 루니
옮긴이 최소영
펴낸이 김주연
펴낸곳 베누스

출판등록 2024년 7월 19일 제2024-000104호
주소 경기도 파주시 재두루미길 150, 3층 (신촌동)
전화 031-957-0408
팩스 031-957-0409
이메일 venusbooks@naver.com

ISBN 979-11-989626-0-7 03410